myBook+

Ihr Portal für alle Online-Materialien zum Buch!

Arbeitshilfen, die über ein normales Buch hinaus eine digitale Dimension eröffnen. Je nach Thema Vorlagen, Informationsgrafiken, Tutorials, Videos oder speziell entwickelte Rechner – all das bietet Ihnen die Plattform myBook+.

Ein neues Leseerlebnis

Lesen Sie Ihr Buch online im Browser – geräteunabhängig und ohne Download!

Und so einfach geht's:

- Gehen Sie auf **https://mybookplus.de**, registrieren Sie sich und geben Ihren Buchcode ein, um auf die Online-Materialien Ihres Buchs zu gelangen
- **Ihren individuellen Buchcode finden Sie am Buchende**

Wir wünschen Ihnen viel Spaß mit myBook+ !

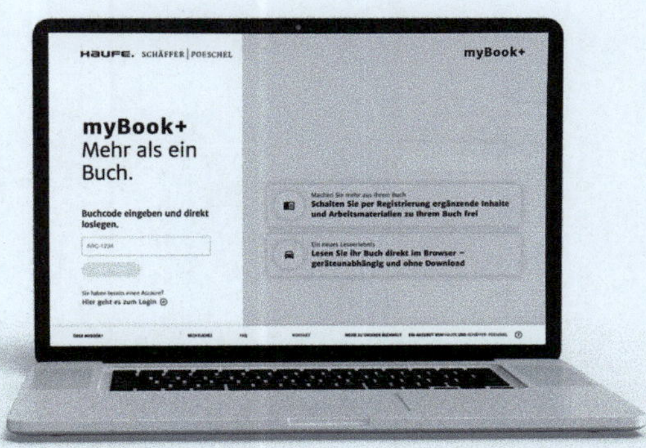

Smart Learning Design

Sirkka Freigang

Smart Learning Design

Methoden und Tools für den Einsatz innovativer Lernkonzepte in Unternehmen

1. Auflage

Haufe Group
Freiburg · München · Stuttgart

Bibliografische Information der Deutschen Nationalbibliothek

Die Deutsche Nationalbibliothek verzeichnet diese Publikation in der Deutschen Nationalbibliografie; detaillierte bibliografische Daten sind im Internet über http://dnb.dnb.de/ abrufbar.

Print: ISBN 978-3-648-15122-8 Bestell-Nr. 10661-0001
ePub: ISBN 978-3-648-15123-5 Bestell-Nr. 10661-0100
ePDF: ISBN 978-3-648-15124-2 Bestell-Nr. 10661-0150

Sirkka Freigang
Smart Learning Design
1. Auflage, Januar 2024

© 2024 Haufe-Lexware GmbH & Co. KG, Freiburg
www.haufe.de
info@haufe.de

Bildnachweis (Cover): © akinbostanci, gettyimages

Produktmanagement: Dr . Bernhard Landkammer
Lektorat: Ursula Thum, Text + Design Jutta Cram, Augsburg

Dieses Werk einschließlich aller seiner Teile ist urheberrechtlich geschützt. Alle Rechte, insbesondere die der Vervielfältigung, des auszugsweisen Nachdrucks, der Übersetzung und der Einspeicherung und Verarbeitung in elektronischen Systemen, vorbehalten. Alle Angaben/ Daten nach bestem Wissen, jedoch ohne Gewähr für Vollständigkeit und Richtigkeit.

Sofern diese Publikation ein ergänzendes Online-Angebot beinhaltet, stehen die Inhalte für 12 Monate nach Einstellen bzw. Abverkauf des Buches, mindestens aber für zwei Jahre nach Erscheinen des Buches, online zur Verfügung. Ein Anspruch auf Nutzung darüber hinaus besteht nicht.

Sollte dieses Buch bzw. das Online-Angebot Links auf Webseiten Dritter enthalten, so übernehmen wir für deren Inhalte und die Verfügbarkeit keine Haftung. Wir machen uns diese Inhalte nicht zu eigen und verweisen lediglich auf deren Stand zum Zeitpunkt der Erstveröffentlichung.

Inhaltsverzeichnis

Abkürzungsverzeichnis

AI	Artificial Intelligence
AR	Augmented Reality
BMBF	Bundesministerium für Bildung und Forschung
Bpb	Bundeszentrale für politische Bildung
CoP	Communities of Practice
CPS	Cyber-Physical System
DBR	Design-Based Research
DT	Design Thinking
ESN	Enterprise Social Network
HLIs	Human Learning Interfaces
ITS	Intelligent Tutoring System
IASLE	International Association for Smart Learning Environments
IdD	Internet der Dinge
IoT	Internet of Things
LMS	Learning Management System
MOOC	Massive Open Online Course
NLP	Natural Language Processing
OER	Open Educational Resources
PLE	Personal Learning Environment
SLE	Smart Learning Environment
TEL	Technology-Enhanced Learning
TELE	Technology-Enhanced Learning Environment
VR	Virtual Reality
WBT	Web-Based Training
WOL	Working Out Loud

Geschlechtergerechte Sprache

Im Interesse einer geschlechtergerechten Sprache werden in der vorliegenden Arbeit vorzugsweise geschlechtsneutrale Bezeichnungen oder ein »Binnen-I« verwendet. Hierbei gilt der Grundsatz einer symmetrischen Sprache. In Ausnahmefällen (z. B. bei längeren Aufzählungen oder Begriffszusammensetzungen wird jedoch zugunsten der Lesbarkeit auf zu unsymmetrische Formen wie z. B. »ExpertInnenmeinungen« verzichtet und die männliche Form verwendet, wobei explizit beide Geschlechter gemeint werden.

Englische Begriffe

Die Verwendung englischer Begriffe wie »Smart Learning«, »New Work« oder auch »Metaverse« gehören zum deutschen Sprachgebrauch. Ich weiß, dass dies vielfach bemängelt wird und zu viele Buzzwords auch nerven können. Im allgemeinen Schreibfluss habe ich jedoch einige englische Begriffe wie auch Definitionen nicht explizit ins Deutsche übersetzt – auch aufgrund der zunehmenden Internationalisierung der Wissenschaft.

Vorwort

Hallo, ich bin Sirkka.

Meine persönliche Lernreise auf dieser Welt hat im Jahr 1978 begonnen. Wenn du magst, nehme ich dich ein Stück weit mit.

Ich bin in einem Kinderheim in Stuttgart groß geworden. Mit drei Jahren wurde ich adoptiert und bekam einen neuen Vor- und Nachnamen, damit auch »ein neues Leben«. Gewalt gehörte zum Alltag. Ich kann mich punktuell an einzelne Situationen erinnern, z. B. dass ich aus Angst vor meiner Adoptivmutter mit Bauchschmerzen aus der Schule nach Hause gelaufen bin. Den größten Teil der Kindheit habe ich vergessen, das scheint ein »Überlebensmechanismus« zu sein. Erst im Teenageralter habe ich verstanden, dass das alles nicht normal ist. Davor bin ich ernsthaft davon ausgegangen, dass so was zum Leben dazugehört.

Mit dieser Erkenntnis habe ich angefangen, neue Wege zu suchen. Man muss Dinge nicht als gesetzt akzeptieren, man kann sie ändern, indem man sie aktiv gestaltet. Mit 16 Jahren habe ich dann aktiv Hilfe gesucht und u. a. meinen Adoptivvater kontaktiert, den ich jahrelang nicht mehr gesehen hatte. Durch meinen fortwährenden Wunsch nach einer Veränderung habe ich es dann geschafft, mein »Zuhause« zu verlassen, und lebte dann in einer betreuten WG. Es war nicht einfach, das kann ich sagen, aber mein Engagement hat sich gelohnt, auch wenn ich trotz Würgemalen am Hals vom Jugendamt abgewiesen wurde. Sobald ich volljährig wurde, bin ich in meine erste eigene Wohnung umgezogen. In dieser Zeit habe ich gelernt: Ich kann alles verändern, indem ich mein Leben und mein Umfeld aktiv gestalte.

Ich bin ein Mensch von insgesamt 8,07 Milliarden Menschen auf diesem Planeten. Trotz schwieriger Startbedingungen bin ich privilegiert. Ich bin Weiß, in Deutschland geboren und gebildet. Durch meinen schwierigen Start ins Leben habe ich es früh gelernt, Krisen zu bewältigen und psychische Stärke zu entwickeln. Rückblickend könnte man wohl sagen, dass ich an all den persönlichen Herausforderungen in meiner Kindheit am meisten gewachsen bin. Heute betrachte ich das Leben mit seinen relativ überschaubaren Schwierigkeiten als Anlass für kontinuierliche Entwicklung, insbesondere im beruflichen Kontext.

Über das Leben könnte man so viele Geschichten schreiben. Ich schreibe eine Geschichte über das Lernen und ich freue mich, dass du jetzt ein Teil meiner Geschichte geworden bist. Wenn du möchtest, vernetze dich direkt mit mir über LinkedIn:

QR-Code zu Sirkkas LinkedIn-Profil

Digitale Erweiterungen

Dieses Buch enthält QR-Codes, die auf digitale Zusatzinhalte verweisen.

Das Buch enthält darüber hinaus auch webbasierte 3D-Hologramme. Zum Anzeigen der Inhalte öffnest du deine Smartphone-Kamera und scannst die jeweiligen QR-Codes. Folge den Anweisungen auf dem Bildschirm und starte die AR-Experience.

1 Check-in

Meine berufliche Lernreise hat mit meinem Studium 1999 an der Freien Universität in Berlin begonnen. Ich kann mich gut erinnern, warum ich mich für das Fach »Erwachsenenbildung« entschieden habe. Ich dachte damals, dass Erwachsene noch so so viel lernen müssen. Grundstein dieser Annahme waren natürlich meine persönlichen Erfahrungen aus der Kindheit. Fachlich betrachtet erhält das lebenslange Lernen heutzutage im Kontext exponentieller technologischer Entwicklungen einen komplett neuen Stellenwert, der mir damals in diesem Ausmaß noch gar nicht bewusst war.

Während des Studiums habe ich mich intensiv mit den gängigen Lehr- und Lerntheorien von Behaviorismus über Kognitivismus bis hin zum Konstruktivismus beschäftigt. Meine Nebenfächer waren Soziologie und Psychologie. Während des Studiums hatte ich die Möglichkeit, mir meine Seminare überwiegend selbst auszusuchen. Eine Freiheit, die es in dieser Form heute leider nur noch selten gibt. Ich kann mich gut daran erinnern, wie ich es geliebt habe, meinen Semesterplan zusammenzustellen. Bis auf ein paar grundlegende Module war ich komplett frei in der Gestaltung meiner Lerninhalte. Das hat mich begeistert, meinen Wissensdurst und meine Neugier beflügelt. Ich kann mich eigentlich nicht daran erinnern, dass ich (wie zur Schulzeit üblich) keine intrinsische Motivation zum Lernen verspürt hätte – höchstens im Fach Statistik vielleicht.

Meine persönliche Erfahrung war also, dass Lernen Spaß macht, wenn man sich die Inhalte selbstständig auswählen und zusammenstellen kann. Neben meinen stark geisteswissenschaftlich ausgelegten Seminaren habe ich auch praxisbezogen gelernt. Spontan kommt mir eine E-Learning-Vorlesung von Prof. Ludwig Issing in den Sinn. Das Thema E-Learning steckte damals (2002/2003) noch in den Kinderschuhen. Inhaltlich ging es um das Lernen mit Hypertexten im Internet. Wenn man sich überlegt, welch unglaubliche Entwicklung in den letzten Jahren stattgefunden hat, ist das wirklich beeindruckend. Deutlich wird das in einem Fünf-Minuten-Podcast aus dem Jahr 2008, zu dem Prof. Issing von e-teaching.org eingeladen wurde. Er spricht über drei Jahrzehnte E-Learning.

Podcast aus dem Jahr 2008: Rückblick auf drei Jahrzehnte E-Learning

Durch Prof. Issing habe ich auch zum ersten Mal vom »weiterbildungsblog« erfahren. Er wird von Dr. Jochen Robes herausgegeben und gehört seit 2003 zu meinen regelmäßigen Newslettern. Jochen Robes schreibt über Bildung, Lernen und Trends. Ich war schon immer begeistert von neuen Technologien, Trends und Lerninnovationen. Wahrscheinlich deshalb, weil die klassische (Hochschul-)Lehre so ziemlich das Gegenteil davon ist. Obwohl ich mich im Studium intensiv mit modernen Konzepten der Erwachsenenbildung beschäftigt habe und es viele Vorlesungen zu dem Thema gab, sah die Praxis komplett anders aus.

Der Begriff »Vorlesung« sagt ja schon alles. Warum soll man Erwachsenen, die selbst lesen können, etwas vorlesen? Aber das war an der Tagesordnung (und ist es noch heute). Eine Person steht vorn und hält einen Monolog bzw. Vortrag. Damals mit dem Overhead-Projektor, heute mit Powerpoint-Folien. Da ist man weit entfernt von modernen Postulaten eines aktiven, selbst gesteuerten Lernprozesses. Studierende werden darauf konditioniert, passiv Inhalte zu konsumieren. Trainiert wird überwiegend das Rezipieren von Daten und Fakten. Und das nicht erst im Studium, sondern bereits in der (Grund-)Schule. Deshalb habe ich mich oft gefragt, warum es eine so große Diskrepanz zwischen evidenzbasiertem Wissen – beispielsweise aus der Berufspädagogik, der Arbeitspsychologie oder der Lehr- und Lernforschung – und der täglichen Praxis im Bildungsbereich gibt. Warum werden die wissenschaftlichen Erkenntnisse konsequent **nicht** angewendet?

Diese Erkenntnis hat mich dazu bewogen, sehr bewusst Dinge anders zu machen, gängige Muster zu hinterfragen, zu brechen sowie viel zu experimentieren. In einem Uni-Seminar habe ich beispielsweise die Ergebnisse meiner Seminararbeit in einer Kombination aus Text und Bild auf mehrere Flipchart-Papiere gescribbelt und auf einer Wäscheleine im Seminarraum aufgehängt. Die Anordnung war so gewählt, dass die Studierenden im Zickzack durch den Seminarraum laufen und sich währenddessen selbstständig mit den Inhalten beschäftigen mussten. Anschließend haben wir uns über die fachlichen Inhalte ausgetauscht und auch über die Lernerfahrung selbst reflektiert. Ich kann mich bis heute daran erinnern, dass mich der Professor als »Didaktik-Meister« bezeichnet hat.

Mein Ziel war es schon damals, die frontale Wissensvermittlung in eine aktive Lernerfahrung zu transformieren. Dazu habe ich bewusst den Raum so umgestaltet, dass eine gewisse Struktur zwischen Inhalten und räumlicher Anordnung entstehen konnte. Ich habe Tische und Stühle an den Rand geschoben und eine große Fläche geschaffen, in der man sich frei bewegen konnte. Das gezielte Durchbrechen bekannter Lernformen hat anfangs zu deutlichen Irritationen geführt. Nicht nur die Gestaltung des Raumes, sondern auch das didaktische Setting generell, also die Kombination aus (leitfragengestütztem) selbstständigem Lernen, dem Laufen sowie der Reflexion am Ende. Das physische Laufen diente dazu, auch mental in Bewegung zu kommen, Aktivität und Schwung zu erzeugen. Also alles Faktoren, die das Lernen nachweislich fördern.

Wie ich auf diese Idee gekommen bin, weiß ich nicht mehr genau. Es könnte gut sein, dass ich mich zuvor mit der Loci-Methode beschäftigt hatte. Als Studentin habe ich mich gern mit philosophischen Fragen auseinandergesetzt. Die Loci-Methode geht auf die griechische Antike zurück. Dabei werden die zu lernenden Fakten mit einer bekannten Umgebung verknüpft. Im Kern geht es darum, dass sich Menschen Bilder besser einprägen können als bloße Informationen wie Text oder Zahlen. Zudem profitiert die Methode von der assoziativen Funktionsweise des menschlichen Gehirns. Eine erste Erwähnung findet sich bei Cicero in »De Oratore«. Er beschreibt darin, wie er eine Rede mithilfe der Loci-Methode auswendig lernt, indem er gedanklich den Raum eines Forums in Rom abschreitet.

Meine persönliche Lernerfahrung an der Universität war die, dass sich das Experimentieren und das »Mutigsein« gelohnt haben und auch die Studierenden – trotz anfänglicher Verwunderung – am Ende ein positives Feedback gaben. Letztlich zieht sich jenes Erlebnis wie ein roter Faden durch meine gesamte berufliche Laufbahn:

- Ich beschäftige mich intensiv mit Wissenschaft und philosophischen Fragestellungen unserer Welt.
- Ich identifiziere und hinterfrage auf der Basis philosophischer Konzepte und wissenschaftlicher Befunde aktuelle Muster in der Praxis.
- Ich kreiere innovative Lernkonzepte, um das Lernen effektiver und schöner zu gestalten.

Meine erste berufliche Erfahrung während meines Studiums der Erwachsenenbildung durfte ich im Rahmen eines Praktikums in der Allianz machen. Dort war ich in der Personalabteilung im Bereich der beruflichen Ausbildung tätig. Zu meinen Aufgaben gehörte es u. a., Seminare für die Azubis zu konzipieren, zu leiten sowie auszuwerten. In meinem Zeugnis aus 2002 heißt es dazu: »Zu dem von ihr nach entsprechender Auftragserteilung völlig selbständig konzipierten und durchgeführten Seminar für unsere Auszubildenden ist besonders hervorzuheben, dass Frau Freigang Präsentationsmedien sehr kreativ einsetzte, die TeilnehmerInnen umfassend aktiv einbezog, sicher und überzeugend referierte und Lernmethoden einbrachte, die für uns neu waren.«

Ich kann mich beispielsweise daran erinnern, dass ich einen Adventskalender aus Metaplanwand-Papier gestaltet habe (das Seminar war im Dezember angesetzt). Darin versteckt waren grundlegende Informationen zum Thema Kommunikation nach Friedemann Schulz von Thun. Zudem sollten die Azubis ihre eigene Kritikfähigkeit in einem Rollenspiel erproben, in dem sie die Rolle eines Musikproduzenten in Berlin einnehmen und den Track von Ellen Allien mit dem Titel »Erdbeermund« bewerten sollten.

Ziel des Ganzen war es, einen intrinsisch motivierten, realweltlichen Bezug zwischen den theoretischen Fakten der Kommunikationspsychologie und dem Leben bzw. den Interessen und Bedürfnissen der Azubis herzustellen.

Nach meinem ersten Praktikum bei der Allianz folgten drei weitere über meine Studienzeit hinweg. Aufgrund der positiven Resonanz bin ich meinem experimentellen Stil treu geblieben und habe in den folgenden Jahren (und eigentlich bis heute) weitere Lerninnovationen entwickelt.

Ein Techno-Lied auf die Ohren mit Ellen Allien

Ende 2002 wurde ich schließlich von der Allianz beauftragt, eine dreitägige Klausur (wie es damals hieß) für die AusbildungsgruppenleiterInnen zum Thema »Ausbildung heute und morgen« zu konzipieren. Ziel war es, neben Arbeitsplatzanalysen auch die

Zusammenarbeit untereinander zu fördern und einen Maßnahmenkatalog mit abgeleiteten Verbesserungsvorschlägen zu erarbeiten. Damit sollte »eine Optimierung von Arbeitsabläufen« bzw. »eine Anpassung der Erstausbildung an veränderte Bedingungen [...] unter Anwendung kreativer Methoden erreicht werden. Probleme in den Arbeitsbereichen waren zu diskutieren und konstruktive Lösungen zu erarbeiten«.

Rückblickend betrachtet würde ich sagen, dass dies eines meiner zur damaligen Zeit innovativsten und kreativsten Formate war, die ich jemals umgesetzt habe. Drei Tage bieten eben auch viel (Frei-)Raum für innovatives Arbeiten:

- Jedem Tag war einer Farbe zugeordnet, um die jeweiligen Inhalte des Workshops damit zu verknüpfen und so das Erinnerungsvermögen zu stärken. Dazu wurden abstrakte Kunstwerke im jeweiligen Farbton mithilfe von Overhead-Projektoren an die Wände projiziert.
- Jeder Tag wurde darüber hinaus einem spezifischen Duft zugeordnet. Ziel war es, die jeweiligen Inhalte des Workshops parallel zur Farbe auch mit einem spezifischen Duft zu verbinden und damit das Erinnerungsvermögen zu stärken. Dazu hatte ich eine Duftlampe mit drei sehr unterschiedlichen, aber dezenten Düften vorbereitet.
- Bewegungs-, Konzentrations- bzw. Ruhephasen wurden im Wechsel mit jeweils passenden Workshop-Einheiten eingesetzt, um die Lernwirksamkeit zu stärken. So gab es beispielsweise eine leitfragengestützte Fahrradtour durch die wunderschöne Umgebung des Seminarhotels in Potsdam. Darüber hinaus begaben sich alle Teilnehmenden auf eine Meditationsreise, während der sie auf dem Boden lagen und eine meditative Audiosequenz auf sich wirken ließen. Die AusbildungsleiterInnen konnten die Meditationsreise selbstgesteuert beenden, indem eine vordefinierte Anzahl an Personen gut hörbare Murmeln auf den Parkettboden kullern ließen.

Das waren meine ersten prägenden Lessons Learned, an die ich mich auch heute, über 20 Jahre später, noch erinnern kann.

Warum reflektiere ich das alles im Check-in?

Zum einen, weil das Teilen persönlicher Erfahrungen sehr wertvoll ist, um andere Menschen zu inspirieren. Menschen lernen durch Geschichten, die sie bewegen. Pure Daten und Fakten sind irgendwann ermüdend. Wer will schon eine 300-seitige wissenschaftliche Abhandlung über Smart Learning lesen? Reale Erlebnisse sind spannend. Daten und Fakten werden dabei in einen Kontext eingebettet, sie erhalten ein Gesicht, werden mit Emotionen verbunden und bleiben so viel besser in Erinnerung. Deshalb wird es auch in diesem Buch die eine oder andere biografische Anekdote geben.

It's not about facts – it's about feelings.

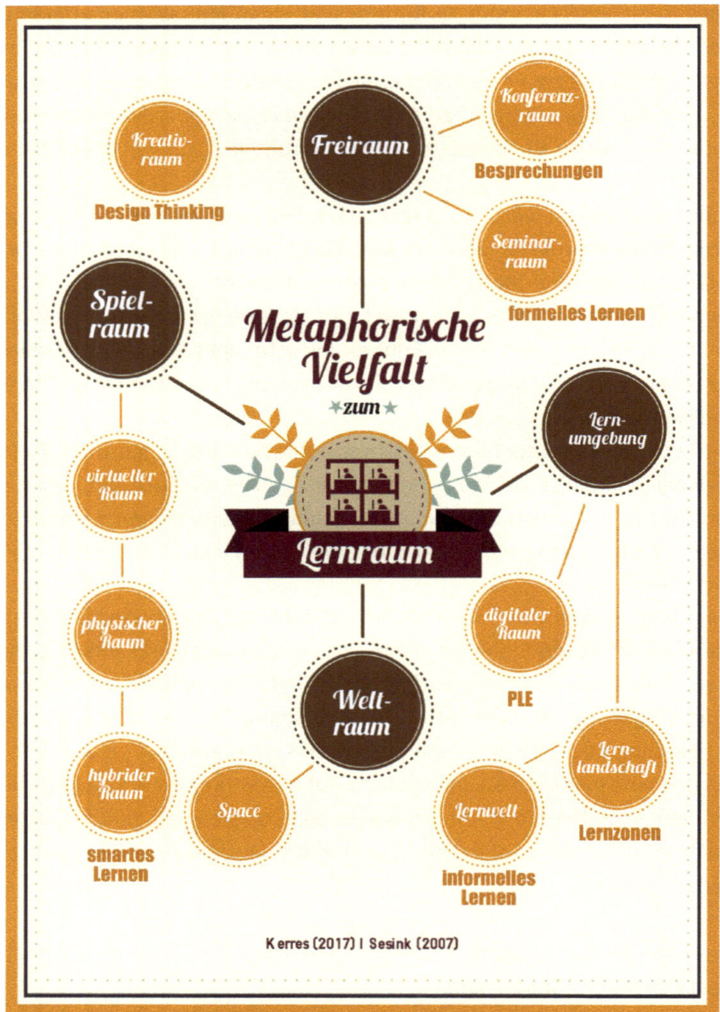

Die Vielfalt der Lernräume

Zum anderen spreche ich deswegen von meinen Erfahrungen, weil die letzten Jahre im Bildungsbereich von ROI, wirtschaftlichem Druck und Effizienz geprägt waren. Natürlich muss man auch im Bildungsbereich auf die Kosten sowie auf Effektivität und Qualität achten. Kritisch sehe ich es aber, wenn versucht wird, hauptsächlich durch viel (Video-)Content (Stichwort »digitale Lernplattformen«) bzw. dem Trichter- oder Gießkannenprinzip alles abzudecken, was in den Bereich Re- und Upskilling, lebenslanges Lernen und Weiterbildung generell fällt. Besonders schwierig wird es, wenn in kürzester Zeit – z. B. nach einem Fünf-Minuten-Video – ein Top-Resultat erwartet wird, idealerweise ein Zuwachs an Fähigkeiten und (Methoden-)Kompetenz.

Das ist nun überspitzt, aber ich höre häufig von der Anforderung, in immer kürzeren Slots immer mehr »Wissen« zu vermitteln. Menschen funktionieren aber nicht wie ein Uhrwerk. Nur weil man oben viel »reinkippt«, kommt unten nicht zwingend viel raus. Deshalb lautet meine Empfehlung ganz klar: mehr investieren – ganzheitliche Konzeption, Lernzeit und Budget – und anders priorisieren. Dabei sind Räume des Lernens existenziell, um wirksame Lernerfahrungen machen zu können. Egal welche Art von Raum hier gestaltet bzw. angeboten wird, der Begriff hat im Kontext des Lernens viele unterschiedliche Facetten und Bedeutungen, die im Laufe des Buches noch näher beleuchtet werden (siehe Abbildung).

Ich möchte dafür plädieren, mehr in den gesamten Bildungsapparat zu investieren. Das fällt schwer, aber wir können uns ja mal kurz auf ein kleines Gedankenexperiment einlassen. Denn meiner Meinung nach braucht nachhaltiges Lernen herausragende Konzepte, Zeit, Ruhe und mehr als einen Frei- oder Experimentierraum, um sich mit anderen Peers kontinuierlich austauschen zu können:

1. Fällt es leichter, die Prioritäten zu justieren, wenn man die Ausgaben für betriebliche Weiterbildung mit den Budgets anderer Bereiche, wie z. B. Marketing, Sales, IT etc. vergleicht? So kann man die Kosten in Relation zum Gesamtsystem betrachten und die Ausgaben relativieren.

   Meine Annahme: Die Budgets für HR und Personal sind im Vergleich zu anderen Abteilungen sehr niedrig angesetzt oder werden als Erste gekürzt.
2. Können tatsächlich Kosten eingespart werden, wenn man die Weiterbildungsbudgets niedrig hält? Welche indirekten Folgekosten könnten entstehen, wenn Weiterbildung nicht strategisch gefördert wird?

   Meine Annahme: Die Folgekosten für schlecht ausgebildetes Personal, zum Beispiel in Form mangelnder Anpassungs- und Innnovationsfähigkeit, übersteigen die vorher notwendige Investition, um dies zu verhindern, bei Weitem.
3. Könnte eine größere Investition in die Entwicklung strategisch verankerter, skalierbarer Weiterbildungskonzepte langfristig die Kosten senken, den ROI sichern und gleichzeitig die Qualität und Learning Experience verbessern?

   Meine Annahme: Die Entwicklung ganzheitlicher, strategisch fundierter Weiterbildungskonzepte, die darauf ausgelegt sind, langfristig Unternehmensziele zu erreichen, und die gleichzeitig durch den Einsatz digitaler Technologien maximal skalierbar sind, können bei einem erhöhten Erstaufwand langfristig die Folgekosten senken.
4. Wie kann man mit wenig Aufwand viel bewirken und nachhaltigen Mehrwert erzeugen? Wie können beispielsweise interne ExpertInnen als unternehmensweite MultiplikatorInnen wirken und das aktive Teilen von Wissen in Peer-Learning-Formaten unterstützen?

   Meine Annahme: Durch Co-Creation-Ansätze können interne Talente sichtbar und strategisch in Bildungsangebote integriert werden. Kontinuierliche, auf Austausch angelegte Angebote (z. B. Lunch & Learn) benötigen kaum Ressourcen, können intern aber zu einem hohen Mehrwert beitragen.

Damit soll das Gedankenexperiment auch schon abgeschlossen sein. Es geht natürlich nicht nur um Kosten und Investitionen, sondern hauptsächlich um ausgefeilte Konzepte. Und dass die Realität und die Verteilung von Budgets in Organisationen weit komplexer sind, als ich es in diesen Annahmen darstellen konnte, ist selbstverständlich. Jede Branche, jeder Kontext, jede Organisation tickt anders.

Wichtig ist, Qualität vor Quantität zu setzen und nachhaltigen Impact zu erreichen. Wie können wir also konkrete Mehrwerte für das Lernen in Organisationen erzeugen?

Wie dies praxisorientiert erreicht und gestaltet werden kann, möchte ich in diesem Buch zeigen. Dafür teile ich meine Erfahrungen aus den letzten Jahren, in denen ich unterschiedliche Smart-Learning-Projekte umsetzen und Klienten in unterschiedlichsten Formen begleiten durfte. In Ergänzung zu meiner wissenschaftlichen Publikation aus dem Jahr 2021 soll dieses Buch Erfahrungswerte dokumentieren, Lessons Learned aufzeigen sowie Methoden und Instrumente vorstellen, mit denen es gelingt, wissenschaftliche Erkenntnisse in die Praxis zu überführen.

Das Besondere an diesem Buch ist, dass persönliche, fachliche und berufliche Erfahrungen kombiniert werden. Wissenschaftliche Erkenntnisse bekommen einen Rahmen, ein Gesicht, eine Geschichte.

Nach diesem Check-in mit persönlichen Einblicken in meine Lernreise werden zunächst einmal wissenschaftliche Grundlagen zusammengefasst, bevor der Praxistransfer anhand konkreter Projekte fokussiert wird. Du kannst dir also selbst aussuchen, was dich am meisten interessiert, oder natürlich auch alle Buchkapitel durchstöbern. Zudem kannst du auch meine Dissertation, die den Ursprung dieses Buches bildet, downloaden. Das E-Book mit allen Forschungsergebnissen steht als kostenfreies PDF zur Verfügung.

Das Internet der Dinge für Bildung nutzen (Springer Open Access)

In diesem Buch möchte ich aufzeigen, welches Potenzial in neuen Technologien steckt, um aus passiver Wissensvermittlung eine nachhaltige Lernerfahrung zu machen. Außerdem werde ich Tipps, Tools und Hacks mit dir teilen, wie man mit relativ geringem Aufwand viel erreichen kann. Vieles ist einfacher als vermutet. Und einiges kann man in Experimenten selbst erkunden, so z.B. auch das Lernen mit Avataren. Seit 2020 experimentiere ich mit meinem Avatar als 3D-Hologramm. Und seit 2023 habe ich mein Ziel erreicht. Ich wollte schon immer einen sprechenden, realitätsnahen Avatar von mir selbst erzeugen. Und du gehörst zu den Ersten in Deutschland, die es im Rahmen dieses Buches erleben und ausprobieren können.

Wie es dazu kam, dass ich mich selbst geklont habe

Wenn du es jetzt gleich ausprobierst, ist wichtig zu wissen, dass die Performance, also die Ladegeschwindigkeit, von deinem Internetzugang abhängt. Gutes Internet ist eine zwingende Voraussetzung dafür, dass es funktioniert. Zudem kann die Ladezeit insbesondere beim ersten Hologramm etwas länger sein (ca. 20 bis 30 Sekunden), da viele Daten verarbeitet werden müssen. Manchmal hilft es auch, die Adresszeile im Browser neu zu starten, um das Hologramm platzieren zu können. Grundsätzlich gilt, je kürzer die Sequenz, desto kürzere Ladezeiten gibt es. Deshalb sind meine Hologramm-Botschaften maximal eine Minute lang. Damit das AR-Hologramm im realen Umfeld platziert werden kann, benötigt dein Smartphone/Tablet eine AR-Readiness-Funktionalität. Ich schätze, dass mindestens 80 Prozent aller Devices mittlerweile AR-ready sind. Die AR-Technologie nutzt dabei die Kamerafunktion im Smartphone oder Tablet, um deinen Raum zu scannen und meinen Avatar in deiner Umgebung zu platzieren. Wenn du das mit einem »Klick« getan hast, kannst du mich vergrößern, verkleinern, neu platzieren, um mich herumlaufen oder auch einen Screenshot vom Bildschirm zusammen mit mir machen (lassen).

Über den QR-Code gelangst du zu meiner ersten persönlichen Nachricht für dich.

1.1 Magic Book Experience

Kommen wir zur »Magic Book Experience«: Ich weiß nicht, wie es dir geht. Aber wenn ich Fachbücher lese, dann recherchiere ich nebenher am Smartphone etliche Inhalte, um ein tieferes Verständnis zu einzelnen Informationen zu bekommen. Es fängt eigentlich immer beim Autor bzw. der Autorin an. Welchen Hintergrund hat diese Person? Kann ich weitere Quellen im Internet finden – Wikipedia-Artikel, Websites und Blogs – oder könnte ich mich sogar via LinkedIn oder anderen Kanälen digital vernetzen, um auch nach dem Lesen des Buches noch up to date zu bleiben? Vor allem schlage ich erwähnte Modelle, Paper oder Empfehlungen nach, die direkt im Buch genannt werden. Ich bin also permanent dabei, Zusatzinformationen zu suchen.

Wäre es nicht schön, wenn man ein Buch in der Hand hätte, das es einem ermöglicht, interessante Zusatzinformationen mit einem »Scan« oder einem »Klick« zu erhalten? Wäre es nicht großartig, wenn man Infografiken direkt herunterladen oder beschriebene Methoden mittels Templates direkt ausdrucken und nutzen könnte?

Genau das war der Gedanke beim vorliegenden Buch. Es ist kein normales Buch, es handelt sich um eine »Magic Book Experience«, also eine Erfahrung der besonderen Art. Unter anderem deshalb, weil ich dir als Autorin persönliche Hologramm-Botschaften mit auf den Weg gebe. Du als LeserIn hast dabei eine ganz individuelle Reise vor dir, weil du an den Stellen einen Deep Dive machen kannst, die dich besonders interessieren. Die Book Experience bietet aber noch mehr – Details dazu findest du in den nächsten beiden Abschnitten.

1.2 Warum gibt es Smart Learning Design?

Ich habe mich vor dem Schreiben des Buches natürlich gefragt: Brauchen wir überhaupt noch mehr Literatur zum Thema Lernen (am Arbeitsplatz)? Gibt es nicht schon genug Erkenntnisse zu E-Learning, kollaborativem Lernen, adaptiven Lernsystemen und Co.?

Und jetzt auch noch Smart Learning?
Sofern man die Perspektive auf internationale Literatur erweitert, scheint es eine unüberschaubare Menge an Lernbegriffen, Lernkombinationen, Bedeutungen und Zusammenhängen zu geben, die seit 2012 in der »Encyclopedia of Sciences of Learning« aufgeführt und systematisch beschrieben sowie verglichen werden. Diese Enzyklopädie enthält über 4.000 Einträge zu unterschiedlichen Lernformen und Lernbegriffen

und erläutert deren Herkunft, deren Definition sowie den jeweiligen theoretischen Hintergrund (Seel, 2012). Die Vielzahl an (neuen) Begriffen verdeutlicht den enormen Stellenwert, den Lernen mittlerweile in unserer Gesellschaft einnimmt, was ja durchaus positiv zu bewerten ist. Die Fülle an Begriffen zum Thema Lernen führt gleichzeitig dazu, dass eine Abgrenzung schwerfällt und die Grenzen gleichsam fließend erscheinen. Die Terminologie der Lehr- und Lernforschung stellt sich insgesamt als höchst divers dar. Horst Siebert charakterisiert die Lehr- und Lernforschung als ein unübersichtliches Feld. Und damit hat er recht.

Ziel dieses Buches ist es nicht, verschiedene Lernformen systematisch zu analysieren und eine saubere Differenzierung herauszuarbeiten. Dieser Schritt wurde bereits von vielen anderen (vgl. Seel, 2012) sowie auch von mir im Rahmen meiner Dissertation unternommen (Freigang, 2021). Das vorliegende Handbuch verfolgt andere Ziele.

Ziel des Buches ist es, die Bildungspraxis in Deutschland auf der Basis wissenschaftlicher Erkenntnisse besser zu machen. Hierfür werden Befunde aus der Lehr- und Lernforschung mit technologischen Innovationen sowie mit Methoden und Gestaltungsprinzipien aus dem Design kombiniert. Ein solcher interdisziplinärer Zugang aus Bildungswissenschaften, Informatik und Design ist bis dato eher ungewöhnlich, da systemisches Denken und Gestalten sehr komplex sind. Meiner Meinung nach ist der systemische Ansatz für das Lernen aber sehr bedeutsam. Wie hängt die Raumgestaltung mit neuen Technologien und Didaktik zusammen? Ich möchte insbesondere herausarbeiten, wie man auf der Basis einer agilen Gestaltungsarbeit wirksame Lernangebote innovieren kann, die sich an Methoden des Design Thinking orientieren, neue Technologien sinnvoll integrieren und Grundlagen des Kommunikationsdesigns berücksichtigen.

Gute Bildung braucht systemisches Denken.

Zudem war es mir wichtig, diese theoretischen Erkenntnisse mit meinen langjährigen Erfahrungen anzureichern, die ich im Rahmen verschiedener Projekte sammeln konnte. Der Fokus soll auf wirklich Neuartigem und Nützlichem liegen – vor allem auf praxisorientierten Methoden, Tipps und Templates, die eine aktive Anwendung fördern und erleichtern.

Das Konzept von Smart Learning ist bis dato noch wenig untersucht und es gibt relativ wenig Literatur im Vergleich zu traditionellen Ansätzen des berufsbegleitenden Lernens. Es geht also um Innovationen im Bildungsbereich, die bereits heute, u. a. durch den Einsatz von Technologien möglich, aber kaum bekannt sind und noch weniger in der Praxis angewendet werden.

Smarte Bildungsinnovationen sollen mit dem vorliegenden Praxisbuch für dich greifbar werden. Und zwar auf eine explorative Art und Weise. So kannst du neue Erfahrungen bereits beim Lesen des Buches machen, indem du die integrierten Technologien ausprobierst und immersive Lernmethoden kennenlernst. Wenn du dich darauf einlässt, wird es eine intensive Erfahrung, die über »reines Lesen« hinausgeht.

1.3 Empfehlungen zur Nutzung des Handbuchs

Du hältst also ein interaktives und hybrides Buch in deinen Händen. Ich möchte dich zum spielerischen Erkunden neuer Lernkonzepte und Technologien einladen. Kapitel 2 wird sich zunächst mit Innovationen im Bildungsbereich beschäftigen, die unter dem Konstrukt »Smart Learning« zusammengefasst werden können. Es wird die Frage beantwortet, was Smart Learning auszeichnet und v. a. wozu derartige Lernumgebungen nützlich sind.

Im ersten Teil wird das Konzept von Smart Learning aber nicht nur theoretisch hergeleitet und systematisch erläutert. Du kannst direkt eintauchen, selbst erleben und erforschen, wie neues Lernen aussehen kann. Alle LeserInnen werden eingeladen, sich ihr eigenes Bild über neues Lernen zu konstruieren. Darüber hinaus werden auch kritische Punkte beleuchtet, die man dann in einer Community teilen und weiter diskutieren kann. Es ist ein lebendiges Arbeitsbuch. Es lebt durch deine eigenen Erfahrungen, die du beim Erkunden und Experimentieren in und mit innovativen Lern- und Arbeitswelten machen kannst und die du darüber hinaus mit der Buch-Community teilen kannst.

Unsere Mission lautet: **Create experiences – not lessons**. Scanne den QR-Code und werde Teil unserer Online-Community auf LinkedIn (hierfür ist ein LinkedIn-Account notwendig). Diskutiere mit anderen Smart-Learning-EnthusiastInnen und teile deine Erfahrungen. Sofern du einen Screenshot mit meinem Avatar-Hologramm gemacht hast, kannst du dieses Foto auch gern in deinem ersten Posting nutzen, um dich kurz vorzustellen und dich mit den anderen zu vernetzen.

Aus der bildungswissenschaftlichen Literatur ist bekannt, welche Faktoren sich positiv auf das Lernen auswirken. Auf der Grundlage dieser Kriterien werden im Kapitel 3 schließlich praxisnahe Formate, Methoden und Tools vorgestellt, die einen erfolgreichen Transfer in den beruflichen Alltag unterstützen.

Lernen kann und soll (wieder) intrinsisch motiviert sein, mehr Spaß und Freude bereiten. Die Book Experience wird dazu führen, kognitive Spuren in deinem Gehirn zu verankern, sodass auch noch nach vielen Jahren eine (hoffentlich positive) Erinnerung hervorgerufen wird. Durch immersive und emotionsverbundene Lernerlebnisse, die insbesondere auch im Austausch mit anderen vertieft und mit diskursiven Sichtweisen verschränkt werden, entstehen nachhaltig vernetzte Repräsentationen im Gehirn.

Lernen ist kein Selbstzweck. Es soll dazu dienen, Handlungsspielräume zu erweitern bzw. Handlungsvielfalt zu erzeugen, um selbstbestimmter und zufriedener durch das eigene Leben navigieren zu können. Auf die Kompetenz(entfaltung) und Performanz kommt es an. Wie wir dies erreichen können, zeige ich dir Schritt für Schritt, u. a. mit konkreten Anleitungen. Es werden leicht nutzbare Formate, Methoden und Tools vorgestellt, die dazu geeignet sind, die Bildungspraxis zu verbessern. Außerdem werden mögliche Lösungswege für die Herausforderungen unserer komplexen (Weiter-)Bildungspraxis vorgestellt und es wird erläutert, mit welchen Instrumenten innovative Formate entwickelt und gestaltet werden können.

Ein zentrales Element in Kapitel 3 wird das sogenannte HoLEX®-Framework sein, das auf den Forschungsergebnissen meiner Dissertation aufbaut. HoLEX® ist die Abkürzung für »**ho**listic **l**earning **ex**perience« und bezieht sich auf einen systemischen bzw. soziotechnischen Ansatz, der bei der Gestaltung von Weiterbildungsangeboten berücksichtigt werden sollte. Das Framework bündelt relevante Dimensionen und Faktoren, die Einfluss auf die Ermöglichung von Lernen haben, und hilft Lern-DesignerInnen, viele unterschiedliche Einflussbereiche gleichwertig im Design- und Gestaltungsprozess zu berücksichtigen.

In Kapitel 3 wird vor allem darauf eingegangen, wie Smart Learning oder auch das HoLEX®-Framework in der Praxis angewendet werden kann und welche Auswirkungen das für die Rollen der Führungskräfte, MitarbeiterInnen oder auch der Facilitator hat. Dabei fließt meine jahrelange Erfahrung aus unzähligen Smart-Learning-Projekten ein, sodass ein hoher Bezug zur Praxis entsteht. Über die Jahre hat sich ein systematischer Ansatz entwickelt, wie das Konzept von Smart Learning strategisch in Unternehmen verankert werden kann. All diese Erfahrungen möchte ich in diesem Buch mit dir teilen, indem ich dir konkrete Instrumente und Templates an die Hand gebe, die du sofort einsetzen kannst, um Smart Learning Environments auch in deiner Organisation aktiv zu gestalten.

Das HoLEX®-Framework ist ein guter Prozess für gute Bildung.

Das Handbuch selbst stellt ein Experiment dar, da es sich um eine Art »Mitmach«-Buch handelt. Meine große und vielleicht auch eher ungewöhnliche Experimentierfreudigkeit habe ich im Check-in ja schon etwas erläutert. Die Mehrwerte erschließen sich für dich als LeserIn über ein rein passives Konsumieren des Textes hinaus durch eine mögliche Mitarbeit in der »Buch-Community«, also durch das aktive Teilen deiner Erfahrungen. Zusammengefasst ergeben sich zwei wesentliche Unterschiede zu klassischen Büchern:

1. **Digitale Erweiterung:** Der innovative und ökosystemische Ansatz von Smart Learning Environments wird nicht nur textbasiert erläutert. Ich nehme dich mit auf eine Reise. Du kannst in neue Formen des Lernens eintauchen und »magische Momente des Lernens« erleben. Das Arbeitsbuch zeichnet sich dadurch aus, dass du innovative Lernmethoden direkt erleben, ausprobieren oder im Unternehmen anwenden kannst. Und noch mehr: Mit dem vorliegenden Buch ist es dir sogar möglich, in das Internet hineinzulaufen und Gegenstände aus dem virtuellen Raum heraus in dein physisches Umfeld mitzunehmen. Wie das genau funktioniert, zeige ich dir in Kapitel 2.2.5, in dem das Metaverse thematisiert wird. Darüber hinaus erhältst du nach einer allgemeinen Einführung zu den Grundlagen anschauliche, nutzbare Beispiele, Methoden-Templates und Schritt-für-Schritt-Anleitungen, die es dir ermöglichen, »Magic Moments of Learning« in deiner Organisation anzuwenden. Damit wird das Konzept von Smart Learning leicht zugänglich und für deinen Praxisalltag brauchbar gemacht.

2. **Co-Creation-Ansatz:** Die vorgestellten Smart-Learning-Formate, -Methoden und -Tools können darüber hinaus in einer Online-Community reflektiert und in kokreativen Prozessen mit anderen LeserInnen weiterentwickelt werden. Scanne den QR-Code und gestalte aktiv mit.
   Auf der Basis von Open Educational Resources (OER) werden in iterativen Schleifen kontinuierliche Verbesserungen und Erweiterungen durch die Lesenden selbst erarbeitet. Auf diese Weise wird es möglich, Smart Learning nicht als starres Konzept zu verstehen, sondern als einen fluiden, ökosystemischen Ansatz, der sich an volatile Gegebenheiten in Unternehmen, aber auch an sich verändernde Strukturen und Bedürfnisse der Gesellschaft anpassen kann.

Wenn du wissen möchtest, was OER sind, scanne den QR-Code.

»Was sind OER?«

Wenn du wissen möchtest, wo du OER im Internet findest und was gute Quellen sind, scanne den QR-Code.

Website mit Hintergrundinformationen und Ressourcen

2 Grundlagen

In den folgenden Abschnitten möchte ich die wichtigsten Informationen zum Konzept von Smart Learning Environments (SLEs) zusammenfassen, um ein einheitliches Verständnis zum Hintergrund, zu Definitionen, Zielen und typischen Merkmalen zu schaffen.

Smart Learning Environments als Forschungsbereich
Da es sich bei SLEs um ein sehr junges Forschungsfeld handelt, das sich überwiegend auf die im Jahr 2014 initiierte »International Association for Smart Learning Environments« (IASLE) gründet, ist der Forschungsstand vergleichsweise überschaubar. Die IASLE ist eine internationale Vereinigung zum Forschungsfeld und bietet ein professionelles Forum für ForscherInnen, AkademikerInnen, PraktikerInnen sowie Fachleute aus der Wirtschaft, die an einer innovativen Neugestaltung von Lehr- und Lernformen interessiert sind.

Website der International Association for Smart Learning Environments (IASLE)

Wissenschaftliche Publikationen zum Thema werden im »Smart Learning Environments Journal« gebündelt. Ziel der IASLE ist der internationale fachliche Austausch sowie die Förderung von Verfahren, die zur Entwicklung, Gestaltung und Umsetzung von intelligenten Lernumgebungen beitragen. Dem Zusammenspiel von interdisziplinären Fachdisziplinen wie z. B. Pädagogik und Informatik wird dabei eine große Bedeutung zugeschrieben.

Website zum Smart Learning Environments Journal

Exponentielle technologische Entwicklungen haben großen Einfluss auf den aktuellen Forschungsstand. Insofern war es eine besondere Freude, im Zuge dieses Buches erneut in die Literaturrecherche einzusteigen und dabei sogar festzustellen, dass ich mit meiner Publikation (Freigang et al., 2018) einen nachhaltigen Beitrag zum internationalen Diskurs geleistet habe. Alle Details dazu in den nächsten Kapiteln, die ich mit einer zweiten persönlichen Nachricht für dich einleiten möchte. Scanne dazu den QR-Code.

2.1 Was sind Smart Learning Environments?

Die wissenschaftlichen Zugänge zu Smart Learning sind davon geprägt, Erkenntnisse aus unterschiedlichen Perspektiven zu betrachten. Der Forschungsbereich zu Smart Learning ist ein interdisziplinäres Feld. Neben der (Wirtschafts-)Informatik beschäftigen sich sozialwissenschaftliche Disziplinen mit Smart Learning Environments (SLEs) als Forschungsgegenstand – z. B. die (Medien-)Pädagogik oder die Psychologie. Entsprechend gibt es unterschiedliche Zugänge und Definitionen von SLEs, die nachfolgend zusammengefasst werden.

2.1.1 Definitionen

Seit Jahren feile ich an einer eigenen Definition. Immer, wenn ich danach gefragt werde, beziehe ich mich im Wesentlichen auf Koper und Hwang, da deren Definitionen ziemlich unterschiedlich sind, aber im Kern eine ähnliche Bedeutung haben.

> »Smart learning environments (SLEs) are defined [...] as physical environments that are enriched with digital, context-aware and adaptive devices, to promote better and faster learning.«
>
> Koper, R. (2014), University Chair at Institute Board,
> Open University of the Netherlands

Nach Koper (2014) sind Smart Learning Environments physische Lernumgebungen, in denen mithilfe von digitalen, kontextsensitiven und anpassungsfähigen Geräten (devices) Lernen verbessert und beschleunigt werden soll.

Demgegenüber definiert Hwang (2014) Smart Learning Environments als technologisch angereicherte Lernumgebungen, die Anpassungen vornehmen und die richtige Unterstützung (wie z.B. Anleitungen, Feedback, Tipps oder Tools) am richtigen Ort, zur richtigen Zeit und auf die richtige Art und Weise anbieten, basierend auf der Analyse des Lernverhaltens sowie dem realweltlichen Kontext, in dem sich die Lernenden befinden.

> »Smart learning environments can be regarded as technology-supported learning environments that make adaptations and provide appropriate support (e.g., guidance, feedback, hints or tools) in the right places and at the right time based on individual learners' needs, which might be determined via analyzing their learning behaviors, performance and the online and real world contexts in which they are situated.«
>
> Hwang, G. J. (2014), Graduate Institute of Digital Learning and Education, University of Science and Technology, Taiwan

Es ist nicht ganz einfach, Smart Learning eindeutig von anderen Lernformen abzugrenzen – die Übergänge sind fließend und die Lernformen überlappen sich. Insbesondere bei adaptivem und ubiquitärem Lernen gibt es starke Überschneidungsbereiche und die eindeutige Differenzierung fällt schwer. Die zwei Infografiken, die du über den QR-Code erreichst, schaffen Klarheit zwischen Definitionen und erweiterten Bezügen.

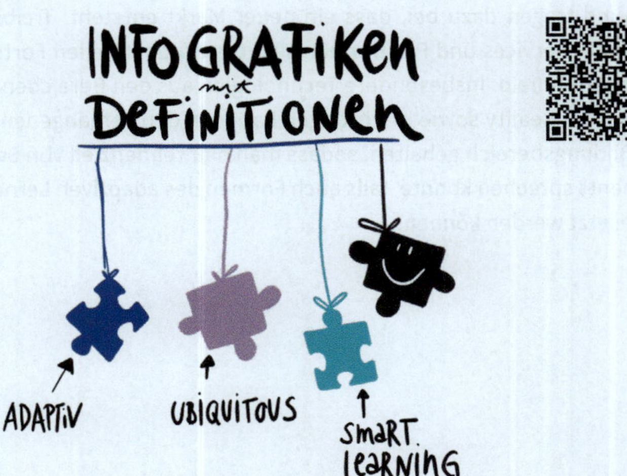

Infografiken mit Definitionen zu Adaptive, Ubiquitous und Smart Learning zum Download

Aus den Definitionen kann man ableiten, dass bei Smart Learning adaptives und ubiquitäres Lernen kombiniert werden. Vor fünf Jahren war das Konzept von Smart Learning definitiv noch mehr Vision als Realität. Heute ist das anders, da sich adaptives wie auch ubiquitäres Lernen durch Technologien aus den Bereichen XR, IoT und AI immer einfacher realisieren lässt.

2.1.2 Ziele und Visionen

SLEs verfolgen mehrere Ziele. Aus den o. a. Definitionen von Koper (2014) und Hwang (2014) lassen sich bereits die zwei wesentlichen Stoßrichtungen ableiten. Zum einen geht es darum, einen fließenden Übergang zwischen digitalen und analogen Lernprozessen herzustellen *(ubiquitous learning)*. Zum anderen sollen die richtigen Informationen zur richtigen Zeit und am richtigen Ort zur Verfügung stehen *(adaptive learning)*.

Basierend auf diesen Zielen kann man feststellen, dass sich das Ziel der Hybridisierung, also das nahtlose Verschmelzen von digitalen und physischen Lernwelten, heutzutage sehr gut umsetzen lässt und keine nennenswerten Herausforderungen mit sich bringt. Es gibt etliche Anbieter, die sich auf »phygitale« Lösungen spezialisiert haben, also auf physisch-digitale Lösungen in Echtzeit, wie sie z. B. mithilfe von Augmented Reality umsetzbar sind. Zu den Anbietern gehören kreative Digitalagenturen, aber auch Start-ups, die für ein starkes Aufkommen vielfältiger XR-Plattformen in Kombination mit passenden XR-Apps sorgen. Viele XR-Beispiele wirst du im weiteren Verlauf des Buches finden, insbesondere auch in Kapitel 2.2.5.

EdTech-Start-ups entwickeln kontinuierlich neue Produkte, Services und Plattformen und tragen dazu bei, dass ein neuer Markt entsteht. Treibstoff für die neuen Produkte, Services und Plattformen sind die exponentiellen Fortschritte im technologischen Umfeld. Insbesondere Technologien aus den Bereichen Augmented, Mixed und Virtual Reality sowie KI-Lösungen haben in den vergangenen Monaten Einzug in den Bildungsbereich gehalten, sodass man hier tendenziell von Smart Learning Environments sprechen könnte, falls auch Formen des adaptiven Lernens damit schneller umgesetzt werden können.

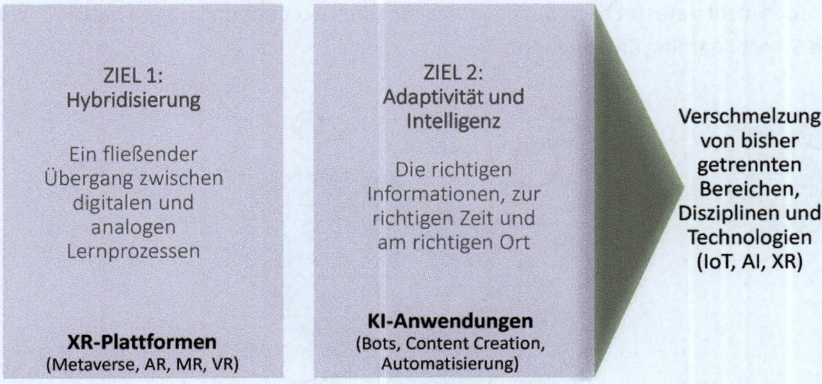

Ziele von Smart Learning

Denn beim zweiten Ziel, also der Erzeugung von intelligenten Systemen auf der Basis adaptiver Lernpfade (Intelligent Tutoring Systems) wird es dann in der Umsetzung schon etwas schwieriger. Aber auch hier gab es in den vergangenen Monaten erhebliche Fortschritte, insbesondere durch die Veröffentlichung einer Testversion des KI-Chatbots »ChatGPT« im Dezember 2022. Dies hatte zu einem regelrechten Hype in den sozialen Medien geführt. Seit 2023 gibt es die kostenpflichtige Professional-Version mit ChatGPT4. Mit dieser Premiumversion für ca. 23 Euro im Monat können laut Anbieter (Open AI) noch bessere Ergebnisse erzielt werden.

KI im Kontext von Smart Learning

ChatGPT ist ein Chatbot, der mit maschinellem Lernen trainiert wurde, um menschenähnliche Unterhaltungen zu führen. ChatGPT basiert auf einem generativen KI-Sprachmodell (GPT steht für Generalized Pre-trained Transformer), das im Jahr 2020 in der dritten Version (GPT-3) veröffentlicht wurde und bereits damals beachtliche Resultate lieferte. Was im Jahr 2022 viele Menschen erstaunt hat, war die unglaublich hohe Qualität der erzielten Ergebnisse, die zudem sehr einfach und schnell produziert werden konnten, sofern man Zugang zum Internet hat. Eine URL, eine Registrierung, ein einziges leeres Textfeld – und schon steht einem die Unendlichkeit der Textgenerierung offen.

Wichtig in diesem Kontext ist, dass ChatGPT ein generisches Werkzeug ist, das auf eine sehr breite Anwendung ausgelegt ist. GPT-3 und Co. bauen ihre Antworten primär aufgrund von statistisch zu erwartenden Wörtern und Sätzen zusammen, deren Wahrscheinlichkeiten sie in ihrem Textkorpus finden (Döbeli/Honegger, 2023). Der Korpus umfasst derzeit ca. eine Billion Wörter aus sechs Millionen Wikipedia-Artikeln und Millionen von Büchern und Websites. Es kommt deshalb mitunter vor, dass die Chatbots sachliche und/oder logische Fehler generieren. Das bedeutet, dass man die Ergebnisse stets kontrollieren und ggf. auch verbessern muss. Wenn du ChatGPT bisher noch nicht getestet hast, dann erstelle dir einen Account und frage ChatGPT: »Was sind Smart Learning Environments?«

Startseite von ChatGPT (Open AI)

Prof. Dr. Doris Weßels ist Professorin für Wirtschaftsinformatik an der Fachhochschule Kiel sowie Initiatorin und Leiterin der Fachgruppe »KI und Academic Writing« beim KI-ExpertLab Hochschullehre. Sie hat ChatGPT selbst gefragt, welche Gefahren bei dessen Einsatz in akademischen Schreibprozessen zu erwarten sind. Die Antworten des Chatbots sind in der Tat beeindruckend (Weßels, 2022):

> »Es gibt einige mögliche Gefahren im Zusammenhang mit der Verwendung von ChatGPT oder anderen Chatbots, die für akademische Schreibprozesse entwickelt wurden. Eine der Hauptbedenken ist, dass Chatbots nicht in der Lage sind, die tiefgreifenden analytischen Fähigkeiten und das kritische Denkvermögen von Menschen zu replizieren. Chatbots können zwar Vorschläge für mögliche Verbesserungen oder Änderungen an Schreibstil oder Grammatik machen, sie können jedoch keine tiefgreifenden Analysen oder kritische Reflexion durchführen, die für akademische Arbeiten oft erforderlich sind.«

Oder:

> »Es ist auch wichtig zu beachten, dass Chatbots möglicherweise nicht in der Lage sind, die komplexen Anforderungen und Standards von akademischen Arbeiten zu berücksichtigen. Sie können zwar dabei helfen, Schreibprozesse zu vereinfachen und zu verbessern, aber sie können kein Ersatz für gründliche Recherche, tiefgreifende Analyse und kritische Reflexion darstellen.«

Man muss also wissen, wie man die Ergebnisse von ChatGPT einzuordnen hat und wie man damit optimal umgeht, um effizienter, also schneller und effektiver lernen bzw. arbeiten zu können. Die Meinungen dazu sind allerdings gespalten, vielfach hört man von Forderungen, ChatGPT im (Hoch-)Schulkontext zu verbieten, da insbesondere Abschlussarbeiten von einer KI übernommen werden könnten.

Ich habe da eine komplett andere Sichtweise auf das Thema, denn meiner Meinung nach ist diese Angst unbegründet. Ich persönlich finde es sogar gut, dass es intelligente Systeme gibt, die uns beim Lernen und Arbeiten unterstützen, die uns eine erste Empfehlung aussprechen, mit der wir dann weiterarbeiten können. Sie sollen uns ja nicht das Denken abnehmen, sondern nur gezielt unterstützen. Ich freue mich geradezu, weil ein meiner Ansicht nach überholtes und ausgelaufenes Lernparadigma sein Ende findet.

Lernen ist weit mehr als Auswendiglernen und Reproduzieren von Daten und Fakten. Beim Lernen geht es um Empathie, Reflexion, Analyse, kritisches Hinterfragen, Selbstorganisation, Teamfähigkeit, Mustererkennung, Übertragung von Mustern und systemischen Zusammenhängen auf neue Kontexte und v. a. um kokreative Problemlösefähigkeit, am besten in transdisziplinären Teams. All das und vieles mehr kann ChatGPT (noch) nicht. ChatGPT löst nicht die Probleme unserer Welt.

Prof. Gabi Reinmann geht in ihrem Blogpost mit dem Titel »ChatGPT – Wettrüsten oder Wertewandel?« auf eine ähnliche Perspektive ein und plädiert dafür, einen wertebasierten Blick beim Thema KI einzunehmen. Schließlich geht es ihrer Meinung nach um den generellen Auftrag der Bildung, eben um »die Verantwortung gegenüber der Gesellschaft, die kluge Menschen mit Urteilskraft braucht, und nicht solche, die einfach nur geschickt durch alle Gates und an allen Gatekeepern vorbeikommen« (Reinmann, 2023).

ChatGPT ist »nur« ein Tool von vielen. Das Werkzeug wird dabei nach Prof. Christian Spannagel (2023) zu einem Denkpartner – ebenso wie ein PC. Computer können uns schon lange viele aufwendige Berechnungen abnehmen, sodass wir uns höheren kognitiven Prozessen widmen können, für die sonst die Zeit fehlt. Für die Bewältigung von Situationen im Alltag und im Beruf kann dies eine großartige Hilfe sein.

Meiner Meinung nach ist es nicht sinnvoll, Werkzeuge, wie z. B. auch das Smartphone, im Unterricht komplett zu verbieten. Es sollte eher die Frage gestellt werden, wie man diese Tools sinnvoll einsetzen kann. Lernende wie auch Lehrende müssen befähigt werden, digitale Errungenschaften in die bisherigen Bildungsformate einzubinden. Die Technologien sind da, sie werden nicht verschwinden und sie werden unser Leben beeinflussen. Menschen werden sich zukünftig also Briefe an Ämter, Bewerbungsschreiben und Festtagsreden von KI-Systemen verfassen lassen, SoftwareentwicklerInnen werden KI-Werkzeuge nutzen, um Code zu schreiben, Testfälle zu erzeugen und Bugs zu finden, und Lehrkräfte werden KI verwenden, um Prüfungsaufgaben zu entwickeln, Unterricht zu planen und kindgerechte Erklärungen zu generieren (Spannagel, 2023). Ebenso werden KI-Systeme in der betrieblichen/beruflichen Aus- und Weiterbildung Einzug finden, um das Lernen und Arbeiten zukünftig effektiver und effizienter gestalten zu können.

Ich möchte bewusst nicht tiefer in die Diskussion zu ChatGPT einsteigen, da dies an etlichen Stellen bereits unternommen wurde. Einen ersten Überblick mit weiterführenden Quellen habe ich in folgendem Blogpost zusammengefasst.

Wie die KI das Lernen verändern wird

Smart Learning mit hybriden Assistenten

Im Kontext von Smart Learning sind die neuesten KI-Entwicklungen von enormer Bedeutung, denn technologisch betrachtet ist das erst der Anfang. Die KI-Systeme werden sich kontinuierlich weiterentwickeln. ChatGPT ist eine künstliche Intelligenz, die auf Aufforderung Texte generiert. Zumindest heute. Wir werden zukünftig mit exponentiellen Leistungssteigerungen rechnen können, sodass aus der Vision von Smart Learning sehr bald schon Realität werden wird. Wir befinden uns lediglich in einer Zwischenstation, in einem seit etwa zehn Jahren zu beobachtenden Entwicklungsprozess des Natural Language Processing (NLP).

Wer weiß, wie weit wir in zwei bis fünf Jahren sein werden. Es zeichnet sich bereits heute ab, dass die qualitativen Mängel nach und nach durch ergänzende KI-Systeme bereits in naher Zukunft beseitigt sein werden (Weßels, 2022). Zudem werden wir mit KI-Systemen nicht nur textbasiert, sondern auch per Sprache (oder Gestik) kommunizieren können.

Und dann sind wir vom hybriden, allgegenwärtigen Lernassistenten nicht mehr weit entfernt, der uns zur richtigen Zeit, am richtigen Ort und auf die richtige Art und Weise alle Informationen an die Hand gibt, die wir in diesem Moment benötigen. Theoretisch ist es möglich, dass zukünftige KI-Systeme nicht nur auf Texte, sondern auch auf Videos, Podcasts oder gar 3D-Modelle zugreifen können. Der Datenkorpus könnte also aus unterschiedlichen Medien bestehen und obendrein noch eine Sammlung an nützlichen Lerntools bereithalten. Damit wäre der Assistent in der Lage, nicht nur Inhalte, sondern auch Werkzeuge zu empfehlen: Sei es eine aktuelle Studie zum Thema »Lebenslanges Lernen«, da ich gerade am Notebook sitze und eine Präsentation zum Thema erstelle, oder eine Mentimeter-Umfrage (ein Tool), um die Zuhörenden aktiv einzubeziehen. Sei es ein Podcast, da ich gerade im Auto unterwegs bin und morgen einen Vortrag dazu halten werde. Sei es ein augmentiertes Video an der Berliner Mauer, das den Mauerfall multimedial zusammenfasst, oder sei es ein 3D-Hologramm von Zeitzeugen auf einem Stolperstein, die mir ihre Geschichte erzählen.

Hybrid ist die Lernassistenz deshalb, da es sich im ersten Schritt um digitale Lernassistenten handeln wird. Aktuelle Entwicklungen in Richtung Metaverse (vgl. Kapitel 2.2.3) ermöglichen darüber hinaus eine Erweiterung des physischen Umfeldes. Ob wir hierzu wie heute ein Smartphone oder Tablet nutzen oder zukünftig AR-Inhalte über eine Datenbrille wie Apples VISION PRO oder gar eine Kontaktlinse eingespielt bekommen, das werden wir abwarten müssen. Eine zukünftige Lernassistenz könnte jedenfalls unterschiedlichste Formen annehmen, so z. B. eine fantastische Gestalt in Form einer fluiden, sich ständig verändernden Kugel mit zwei Augen. Möglich wären aber auch realistische Objekte oder auch bereits verstorbene Vorbilder wie z. B. Albert Einstein, Ada Lovelace oder Leonardo da Vinci. Diese könnten mit uns sprechen. Komplett digital am PC oder auch als 3D-Hologramm in unserem Büro.

Fakt ist, dass intelligente Lernsysteme, wie auch immer diese konkret aussehen mögen, den aktuellen Kontext erkennen und diesen in Bezug zum aktuellen Lernbedarf setzen. Allerdings stehen wir im Zusammenhang mit adaptiven Lernsystemen vor etlichen Herausforderungen, da in Deutschland bzw. Europa großer Wert auf Datenschutz und Datensicherheit gelegt wird, was die Nutzung personenbezogener Daten erschwert.

Profiling und Learning Analytics

Meiner Ansicht nach sind Datenschutz und -sicherheit berechtigte Hürden, die es allerdings zu überwinden gilt, sofern wir in Deutschland und Europa nicht den Anschluss verlieren wollen. Dies wurde mir bei meinen Aufenthalten in den USA und v. a. in China sehr bewusst: Global gesehen werden gänzlich andere Anwendungen aus unterschiedlichen Interessen heraus entwickelt, die aus europäischer Perspektive zu fragwürdigen Lehr- und Lernszenarien führen. Technologisch betrachtet wird die amerikanische und chinesische Vorreiterrolle sehr deutlich, was mich besonders mit Blick auf die aktuellen Entwicklungen in China doch sehr besorgt.

Das Sammeln und Auswerten personenbezogener Daten ist und bleibt eine zwingende Voraussetzung für Smart Learning, also das Auswerten von Lernprozessen auf der Basis von Learning Analytics. Erst durch die Lernhistorie verknüpft mit aktuellen (und zukünftigen) Job-Profilen wird es möglich, ein adaptives, intelligentes Lernsystem aufzubauen.

Learning Analytics im Kontext Smart Learning (zum Download oder Ausdrucken)

In der wissenschaftlichen Literatur gibt es unterschiedliche Ansätze, wie ein Profiling technisch umgesetzt werden kann. In Anlehnung an Kinshuk und Graf (2012), Bomsdorf (2005) und Hwang (2014) bezieht sich die Modellierung auf drei Kernbereiche (vgl. Infografik):

- den Lernenden selbst (mit individuellen Bedarfen)
- den aktuellen Ort (an dem gerade Bedarf besteht)
- den Kontext (Wie kann die Empfehlung optimal übermittelt werden?)

Ein zentrales Element von Smart Learning Environments ist demnach die Erstellung eines umfassenden **Lernprofils**, das kontinuierlich verfeinert und angepasst wird.

Datenschutz und Datensicherheit

Bei der Erstellung von Lernprofilen werden Informationen zur Person (Qualifikationen, beruflicher Werdegang etc.), zum Aufenthaltsort, zum Surfverhalten, zu Interessensgebieten, zu beruflichen Tätigkeiten, zu Lernzielen, zu Netzwerken, zu Spezialkenntnissen etc. analysiert und ausgewertet (Bomsdorf, 2005; Hwang et al., 2008). Ein derartiges Sammeln und Auswerten von (personenbezogenen) Daten hat fundamentale Auswirkungen auf den Einzelnen sowie die Gesellschaft (Schaar, 2014) und bedarf eines sorgfältigen und auch gesetzlich geregelten Umgangs. Das strukturierte Sammeln von Profildaten kann einerseits die Qualität von Smart Learning Environments deutlich steigern, eröffnet aber gleichzeitig gravierende Herausforderungen hinsichtlich gesetzlicher Rahmenbedingungen (Alonso/Arranz, 2016) und der Einhaltung der Datenschutzgrundverordnung.

Zum Schutz der Privatsphäre und unter Gewährleistung des Grundrechts auf informationelle Selbstbestimmung sind Lösungsansätze beispielsweise über die Prinzipien von Privacy by Design erkennbar, die parallel zur Datenschutzgrundverordnung berücksichtigt werden sollten:

1. Aufklärung der NutzerInnen
2. Größtmögliche Anonymisierung
3. Weitestgehende Löschung der Daten, sofern nicht benötigt
4. Klare Regelungen und Rollen (Anpassung und Modernisierung des Datenschutzrechts)
5. Größtmögliche Transparenz
6. Größtmögliche Datenautonomie bei den NutzerInnen: Eröffnung von Handlungsspielräumen und Modifizierungsmöglichkeiten
7. Vermeidung monopolartiger Strukturen (Google, Amazon, Facebook …)
8. Prüfung von Sicherheitslücken
9. Einsatz kryptografischer Verfahren

Damit Datenschutz und Datensicherheit nicht als Hindernis von Innovation empfunden werden, könnte ein Lösungsansatz in der stringenten Verfolgung des »Privacy by Design«-Ansatzes liegen, der bereits vor der Entwicklung von Systemen datenschutzrechtliche Aspekte im Vorfeld analysiert, beschreibt und zum Wohle der NutzerInnen durch Berücksichtigung o. a. Prinzipien gestaltet (Schaar, 2014).

Sofern bei der Datenerhebung, Datenspeicherung, Datenauswertung sowie Datenverarbeitung und -weitergabe definierte Regeln eingehalten werden, sollte es aus meiner Sicht möglich sein, auch in Deutschland (und Europa) datenkonforme Smart Learning Environments aufzusetzen.

Datenschutz im Kontext Smart Learning (zum Download oder Ausdrucken)

2.1.3 Aktueller Forschungsstand

In den vergangenen Jahren hat der Forschungsbereich »Smart Learning« an Interesse gewonnen. Deshalb gibt es zu den Definitionen auch weiterführende Modelle, Frameworks und Vorgehensweisen, die im Folgenden zusammengefasst werden. Wie bereits beschrieben, verfolgen Smart Learning Environments mehrere Ziele. Spector (2014) zufolge müssen Smart Learning Environments eine nachhaltige Bildungsarbeit auf folgenden Ebenen erfüllen:

1. Engagement
2. Effectiveness
3. Efficiency

Im Rahmen eines »preliminary framework for smart learning environments« (vgl. Abbildung) führt Spector (2014) philosophische, psychologische und technologische Ansätze zusammen, um eine Grundlage zur Planung und Implementierung von SLEs zu entwickeln. Dabei spannt er einen Bogen ausgehend von erkenntnistheoretischen Paradigmen über pädagogische Anforderungen bis hin zu wirtschaftlichen Interessen (Spector, 2014).

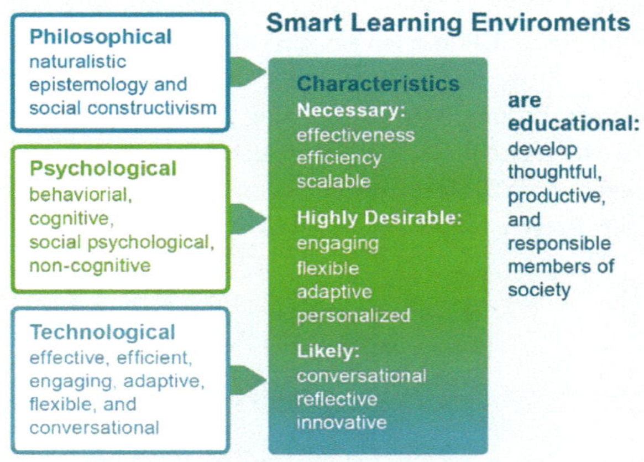

Das »preliminary framework for smart learning environments« nach Spector (2014)

Er plädiert für eine stärker strategisch ausgerichtete Planung und Gestaltung von SLEs. In diesem Zusammenhang führt er aus, dass man sich zunächst damit beschäftigen muss, wie menschliche Lernprozesse funktionieren und wie Menschen letztlich Wissen und Kompetenzen aufbauen können (vgl. Kapitel 2.2). Dazu verweist er u.a. auf Erkenntnisse aus der pädagogischen Psychologie, die systematisch in den Gestaltungsprozess zu integrieren sind. Technologie muss nach Spector (2014) die oben aufgeführten drei Es unterstützen, also **E**ngagement, **E**ffectiveness und **E**fficiency. So erhalte die Technologie einen Sinn und einen spürbaren Nutzen. Die Bedeutung von SLEs stellt Spector (2014) letztlich in den Kontext gesellschaftlicher Verantwortung: SLEs müssten dazu beitragen, die Menschen zu nachdenklichen, produktiven und rücksichtsvollen Mitgliedern der Gesellschaft zu entwickeln.

Im Vergleich zum generischen Metakonzept von Spector, bei dem er deduktiv vorgeht und bei dem eine Perspektive von außen eingenommen wird, entwickelt Koper (2014) ein neues theoretisches Konzept zur Gestaltung von SLEs, das von den konkreten Interaktionen zwischen Mensch und Technik ausgeht. Das auf einem eher induktiven Vorgehen beruhende Konzept, das an verschiedene Formen von User Interfaces (Human Computer Interaction) anknüpft, bezeichnet Koper entsprechend als »Human Learning Interfaces (HLIs)« (Koper, 2014).

Um von User Interfaces zu Human Learning Interfaces innerhalb von SLEs zu kommen, differenziert Koper (2014) zunächst unterschiedliche Lernumgebungen nach dem Grad der digitalen und analogen Lernstimulation:

1. **The zero case:** wenn die Lernumgebung keine digitalen oder physischen Lernstimuli bietet.
2. **The digital case:** wenn die physische Umgebung digitale Lerngeräte enthält, den Lernenden jedoch keine relevanten nichtdigitalen Stimuli liefert.
3. **The embedded case:** wenn die physische Umgebung den Lernenden relevante Stimuli liefert und die digitalen Geräte gleichzeitig situationsbezogen Zusatzinformationen bereitstellen, um die kognitive Verarbeitung und Repräsentation der Inhalte im Gehirn zu verstärken. In diesem Fall gibt es eine kombinierte, teilweise digital, teilweise physisch stimulierte Lernumgebung. Wir sprechen dann von »Hybridisierung« bzw. »hybridisiertem Lernen«.
4. **The side-by-side case:** wenn in einer physischen Umgebung digitale Lerngeräte genutzt werden, um zusätzliche Lernfunktionen wie Recherche, Interaktion oder Tests zu ermöglichen, die digitalen Geräte aber die tatsächliche physische Umgebung bzw. Situation nicht erkennen können. In diesem Fall ist die Lernumgebung fragmentiert und in voneinander getrennte physische und digitale Einheiten aufgeteilt.
5. **The classical case:** wenn die physische Umgebung relevante Reize liefert, es aber keine zusätzlichen digitalen Stimuli gibt.

Schlussfolgernd klassifiziert Koper (2014) SLEs als »embedded case« und skizziert für diese spezifische Lernumgebung protypische Anforderungen, auf deren Basis SLEs entwickelt werden können (vgl. folgende Infografik):

- Digitale Geräte werden den physischen Lernorten hinzugefügt.
- Die digitalen Geräte erkennen den Standort und den Kontext der Lernenden.
- Die digitalen Geräte erweitern die physische Lernumgebung mit zusätzlichen digitalen Lernfunktionen.
- Die digitalen Geräte überwachen den Fortschritt der Lernenden.

Koper (2014) argumentiert, dass ausschließlich über die tiefe Identifikation mit dem Lerninhalt, über soziale Interaktionen und über eigene schöpferische Tätigkeiten Verhaltensänderungen im Sinne neuer Repräsentationen im Gehirn ermöglicht werden können und damit zu effektivem Lernen führen. Insofern erweitert Koper seine Definition von Smart Learning Environments wie folgt (Koper, 2014, S. 14):

> »SLEs are physical environments that are improved to promote better and faster learning by enriching the environment with context-aware and adaptive digital devices that, together with the existing constituents of the physical environment, provide the situations, events, interventions and observations needed to stimulate a person to learn to know and deal with situations (identification), to socialize with the group, to create artefacts, and to practice and reflect.«
>
> Koper, R. (2014), University Chair at Institute Board, Open University of the Netherlands

SLE-Anforderungen und didaktische Mehrwerte (zum Download oder Ausdrucken)

In der erweiterten Definition orientiert sich Koper (2014) stärker an adaptiven und kontextsensitiven Komponenten, die unterschiedliche Formen des Lernens unterstützen.

Hwang (2014) geht in seinem Framework für SLEs zunächst umfassend auf die verwendete Terminologie ein (vgl. Kapitel 2.1.5) und verweist auf die Verschränkung von adaptiven und ubiquitären Lernformen, die in ihrer Kombination »smartes Lernen« ermöglichen. Bei ubiquitärem Lernen ist ein Informationssystem in der Lage, den Situationskontext und den Ort der Lernenden zu erfassen und darauf abgestimmte Lernfunktionen zur Verfügung zu stellen. Eine Verschränkung mit adaptivem Lernen bedeutet, dass das System darüber hinaus die Bedürfnisse der Lernenden kennt und auf der Grundlage dieser Daten unterschiedliche Informationen und Lernmethoden anbieten kann, die dem jeweiligen Lerntypus entsprechen. Hwang (2014, S. 2) formuliert dies wie folgt:

> »A smart learning environment not only enables learners to access digital resources and interact with learning systems in any place and at any time, but also actively provides the necessary learning guidance, hints, supportive tools or learning suggestions to them in the right place, at the right time and in the right form«.

Hwang (2014) verweist dabei auf das herausragende Potenzial von ubiquitären Lernformen, die in idealer Weise der aus der Lehr- und Lernforschung (vgl. Kapitel 2.2) geforderten Situiertheit des Lernens gerecht werden können.

Merkmale	ubiquitäres Lernen	adaptives Lernen	smartes Lernen
1. Erkennt und berücksichtigt den realen Kontext	ja	nein	ja
2. Platziert Lernende in real-weltlichen Szenarien	ja	nein	ja
3. Passt den Inhalt an unterschiedliche Lernende an	nein	ja	ja
4. Passt das Interface an unterschiedliche Lernende an	nein	ja	ja
5. Passt Lernaufgaben und Lernziele an individuelle Bedarfe an	nein	nein	ja
6. Bietet persönliches Feedback und Hilfestellung	ja	ja	ja
7. Bietet Hilfestellung zu Lernmethoden über unterschiedliche Fachdisziplinen hinweg	nein	nein	ja
8. Bietet Hilfestellung zu Lernmethoden in unterschiedlichen Lernkontexten (Schule, Campus, Bibliothek, Arbeitsplatz, Heimweg, Nahverkehr, Auto etc.)	ja	nein	ja
9. Empfiehlt Lernwerkzeuge und Lernstrategien	nein	nein	ja
10. Beachtet den online-Status der Lernenden	nein	ja	ja
11. Beachtet den real-weltlichen-Status der Lernenden	ja	nein	ja
12. Unterstützt formales und informelles Lernen	ja	nein	ja
13. Berücksichtigt persönliche Faktoren sowie kontextbezogene Faktoren (Vorlieben, Zeitpläne, Bedürfnisse, Situation etc.)	nein	nein	ja
14. Interagiert mit den Nutzern über unterschiedliche (ubiquitous-) Devices (z.B. Smartphone, VR/AR-Brille etc.)	ja	nein	ja
15. Unterstützt die Lernenden durch vorangegangene Anpassungen über reale und virtuelle Kontexte hinweg (in Echtzeit)	nein	nein	ja

Adaptives, ubiquitäres und smartes Lernen im Vergleich (nach Hwang 2014)

Hwang fasst demzufolge die Hauptkriterien zusammen, die in einem SLE mindestens repräsentiert sein müssen:

1. **context-aware**: Ein SLE ist kontextbezogen; das heißt, die Situation der Lernenden oder die Kontexte der realen Umgebung, in der sich die Lernenden aktuell be-

finden, werden wahrgenommen. Dies impliziert, dass das System in der Lage ist, Lernunterstützung auf der Grundlage der aktuellen Lernsituation zur Verfügung zu stellen (online oder offline).
2. **adaptive**: Ein SLE bietet sofortige und adaptive Unterstützung durch Echtzeitanalysen der Bedürfnisse in Abhängigkeit vom Lernkontext.
3. **personalized**: Ein SLE ist in der Lage, die Benutzerschnittstelle (User Interface) in ihrer Oberflächengestaltung sowie in den darüber zur Verfügung gestellten Inhalten an die persönlichen Bedürfnisse der Lernenden anzupassen.

Daran anknüpfend zählt Hwang (2014) technische Module auf, die im Rahmen der Gestaltung von SLEs zu modellieren und zu entwickeln sind. Dabei orientiert er sich stark an der Modellierung von Intelligent Tutoring Systems (ITSs), die in der Regel über vier Module verfügen:

- expert model or expert knowledge model
- student model or learner model
- instructional model or pedagogical knowledge model
- user interface

Im Ergebnis entwickelt Hwang (2014) ein Framework, das aus insgesamt fünf Modulen und einer Reihe von Datenbanken besteht (vgl. nächste Infografik):

1. **Learning status detecting module:** Erfassung der Umgebung (Standort, Uhrzeit, Temperatur …)
2. **Learning performance evaluation module:** Aufzeichnung und Bewertung der Lernergebnisse
3. **Adaptive learning task module:** Zuweisung von Lernaufgaben in Abhängigkeit von den persönlichen Lernzielen, dem Lernfortschritt, der Lernleistung sowie weiteren persönlichen Faktoren
4. **Adaptive learning content module:** Empfehlung von Lerninhalten in Abhängigkeit von der aktuellen Situation, den persönlichen Lernzielen, dem Lernfortschritt, der Lernleistung sowie weiteren persönlichen Faktoren
5. **Personal learning support module:** Unterstützung durch Feedback und Hinweise zu Lernstrategien und Methoden
6. **Set of databases:** Speicherung von Lernergebnissen, Lernzielen, Lernprofilen und Lernverläufen
7. **Inference engine:** Speicherung von Erfahrungen zu erfolgreichen und weniger erfolgreichen Lernprozessen für die Lehrenden mit dem Ziel kontinuierlicher Verbesserung

Im Vergleich zu den zuvor dargelegten SLE-Ansätzen fällt bei Hwang eine stark technisch orientierte Konzeption des SLE-Frameworks auf. Man gewinnt den Eindruck, dass sich das Framework überwiegend an Systementwickler richtet.

Entsprechend formuliert Hwang abschließend unterschiedliche Forschungsbedarfe, die sich überwiegend auf pädagogische Fragestellungen beziehen. Darüber hinaus verweist er auf die Notwendigkeit, dass SLEs nur in Kooperation mit unterschiedlichen FachexpertInnen aus unterschiedlichen Fachdisziplinen (insbesondere aus Informatik und Pädagogik) zu entwickeln und zu implementieren sind.

In Ergänzung zu den vorgestellten SLE-Konzepten soll abschließend auf den Beitrag von Begoña Gros (2016) eingegangen werden, die durch die Gestaltung von SLEs die Potenziale für selbstgesteuertes Lernen darlegt und für einen partizipativen Gestaltungsprozess von SLEs plädiert.

Nach Gros (2016) hat die starke Verbreitung von mobilen Endgeräten wie dem Smartphone dazu geführt, dass heutzutage überall gelernt werden kann. Darüber hinaus verweist sie in diesem Zusammenhang auf einen selbstbestimmten Umgang der NutzerInnen mit dem mobilen Gerät. Während in formalen Lernszenarien i. d. R. eine Steuerung durch eine Lehrperson erfolgt, fällt dies beim Lernen mit mobilen Endgeräten weg. Gros formuliert als Ziel von SLEs das Orchestrieren formaler und informeller Lernformen.

SLE-Module nach Hwang (2014) uns Gros (2016)

Hierfür werden ihrer Meinung nach neue pädagogische Ansätze benötigt, die Lernen als ein subjektives, situiertes, soziales und sehr dynamisches Konstrukt verstehen, das sich bei jedem Lernenden unterschiedlich manifestiert.

Aufbauend auf den nach Zhu et al. (2016) zitierten zehn Eigenschaften von SLEs (1. Location-Aware, 2. Context-Aware, 3. Socially Aware, 4. Interoperability, 5. Seamless Connection, 6. Adaptability, 7. Ubiquitous, 8. Whole Record, 9. Natural Interaction,

10. High-Engagement) schlussfolgert Gros, dass die Hauptaufgabe von SLEs darin besteht, den Lernenden eine geeignete und passgenaue Lernunterstützung zu bieten.

Ein SLE nimmt Gros zufolge also eher die Rolle eines Coachs oder eines Lernbegleiters ein und basiert auf den folgenden pädagogischen Prinzipien:

- **Konversation:** Die Lernumgebung kann den Lernenden in einen Dialog einbeziehen.
- **Reflexion:** Die Lernumgebung kann eine Selbsteinschätzung basierend auf der Lernleistung vornehmen.
- **Innovation:** Die Lernumgebung nutzt neue und aufkommende Technologien auf kreative Weise.
- **Selbstorganisation:** Die Lernumgebung kann Lerninhalte und Lernmethoden automatisiert ordnen und führt über einen längeren Zeitraum zu verbesserten Lernleistungen.

Aufbauend auf Barrons »Learning Ecologies Framework« (2006) konstatiert Gros, dass die Lernenden die Hauptakteure des smarten Lernens darstellen und selbst verantwortlich sind für soziale Beziehungen und das Schaffen von bedeutsamen Lernmöglichkeiten im physischen und virtuellen Kontext. Demnach plädiert Gros bei der Gestaltung von SLEs für einen menschenzentrierten Ansatz, der gezielt die Bedürfnisse der Lernenden adressiert.

Erst wenn man weiß, was »smarte Lernende« sind und was diese bewegt, können nach Gros sinnvolle SLEs entwickelt werden. Um dieser Forderung gerecht zu werden, verweist Gros direkt zu Beginn auf einen partizipativen Gestaltungsprozess, bei dem die FachexpertInnen aus unterschiedlichen Fachdisziplinen gemeinsam mit den Lernenden in Co-Creation agieren.

Einem stringent menschenzentrierten Ansatz folgend argumentiert Gros, dass die durch Learning Analytics generierten Erkenntnisse nicht zur Kontrolle durch Dritte, sondern als Tool der Selbstreflexion im Lernprozess genutzt werden und entsprechend nur den Lernenden selbst zur Verfügung stehen sollten.

Das Zukunftskonzept der Bildung formuliert Gros (2016, S. 10) als »Education as a Service« und charakterisiert dies wie folgt:

> »Services must consider the learners' viewpoint and learning experience. In a smart learning environment, learners would have different service choices at different learning stages, where these services are provided by different educational facilities, either online or physically. Due to the rather blurred lines between formal and informal learning, and the increasing focus on informal

> learning, it may not be necessary to distinguish these two learning formats separately in the future.«
>
> Begoña Gros (2016), Universidad de Barcelona, Spanien

Lernangebote müssen die Sichtweise und die bisherigen Lernerfahrungen der Lernenden berücksichtigen. In einem intelligenten Lernumfeld sollten die Lernenden in verschiedenen Lernphasen unterschiedliche Lernmöglichkeiten von verschiedenen Bildungseinrichtungen vorfinden, entweder online oder physisch vor Ort. Aufgrund der verschwimmenden Grenzen zwischen formalen und informellen Lernsettings und der dabei zunehmenden Fokussierung auf informelles Lernen wird es künftig nicht mehr notwendig sein, zwischen beiden Lernformen zu unterscheiden bzw. diese getrennt voneinander zu gestalten.

Zusammenfassend kann festgestellt werden, dass Gros im Vergleich zu den anderen Autoren kein eigenes Konzept zur Gestaltung von SLEs vorlegt, sondern unter Rückbezug auf die aktuelle SLE-Forschung den Prozess der Gestaltung beleuchtet. Im Ergebnis schlussfolgert Gros, dass die Anwendung von partizipativen Designmethoden dazu beiträgt, SLEs zu entwickeln, die auf die Bedürfnisse und den soziokulturellen Hintergrund der Lernenden eingehen können.

Im Ergebnis ergibt sich ein SLE-Forschungsstand, der in Funktionalität und Merkmalen überwiegend einheitlich ist. SLEs sind demnach in der Lage, ihre Umwelt zu erkennen und den Lernenden situationsbezogene und bedarfsgerechte Inhalte sowie Lernstrategien und Werkzeuge zur Verfügung zu stellen (Gros, 2016):

- Detect and take into account the real-world contexts.
- Situate learners in real-world scenarios.
- Adapt learning interfaces for individual learners.
- Adapt learning tasks for individual learners.
- Provide personalised feedback or guidance.
- Provide learning guidance or support across disciplines.
- Provide learning guidance or support across contexts.
- Recommend learning tools or strategies.
- Consider learners' online learning status.
- Consider learners' real-world learning status.
- Facilitate both formal and informal learning.
- Take multiple personal and environmental factors into account.
- Interact with users via multiple channels.
- Provide learners with support in advance, across real and virtual contexts.

Zudem besteht weitgehend Einigkeit in der Notwendigkeit, SLEs disziplinübergreifend zu erforschen und zu entwickeln, indem insbesondere pädagogische und informationstechnische Erkenntnisse miteinander verbunden werden. Auffällig ist jedoch der divergierende Zugang der einzelnen Autoren, der sich darin äußert, dass die vorgestellten Konzepte auf unterschiedliche Ebenen ausgerichtet sind, konzeptionelle Vorgehensweisen voneinander abweichen und auch in den theoretischen Bezügen variieren.

Basierend auf den dargelegten Erkenntnissen lässt sich eine prototypische Smart Learning Journey ableiten, die in folgender Infografik erläutert wird.

Beispielhafte SLE-Learning Journey (zum Download oder Ausdrucken).

2.1.4 Neueste Erkenntnisse

Im Zuge der vorliegenden Publikation war es mir sehr wichtig, einen Blick in die aktuelle Literatur zu werfen und den neuesten Forschungsstand zu sichten. Schließlich sind bereits über vier Jahre vergangen, seitdem ich meine eigene Forschungsarbeit zu Smart Learning abgeschlossen habe.

1. Keine wesentlichen Veränderungen erkennbar
Der oben aufgeführte Forschungsstand ist noch immer aktuell, insbesondere was die Definitionen, die Bedeutung sowie auch die Abgrenzung zu verwandten Lernformen betrifft.

Allerdings ist mir eine Publikation von García-Tudela, Prendes-Espinosa und Solano-Fernández (2021) aufgefallen. Das Interessante an dieser Publikation ist eine erneute, sehr systematische und differenzierte Analyse bisheriger Definitionen. Dazu wurden (wie in anderen Publikationen auch) zunächst Unterschiede zwischen SLEs und gängigen Lernformen herausgearbeitet. Ziel war es erneut, Klarheit zu schaffen, was Smart Learning Environments (nicht) sind, und herauszuarbeiten, worin die Unterschiede zu anderen Lernformen bestehen.

Hierfür wurden SLEs mit anderen Konzepten verglichen, die oft in ähnlichen Kontexten verwendet werden. Eine Abgrenzung zu Blended Learning, Mobile Learning und Ubiquitous Learning lieferte die Grundlage, um aktuelle Definitionen im Detail zu vergleichen.

Es wurden insgesamt neun Definitionen analysiert, die bis auf eine Ausnahme im vorherigen Kapitel bereits erläutert wurden. In der jüngsten Publikation von García-Tudela, Prendes-Espinosa und Solano-Fernández (2021) wird eine Definition von Yusufu und Nathan aus 2020 wie folgt ergänzt (vgl. Abbildung unten):

> »A student-centric intelligent learning environment enriched with digital learning resources to provide smart pedagogies that support smart learners' personalised learning experiences anywhere at any time using smart portable devices and linked across educational institutions or training workforce through the advancement and superiority of smart and wireless technologies.«
>
> Yusufu und Nathan (2020), Department of Computer Science, Adamawa State University, Mubi, Nigeria

Fakt ist, es gibt nicht die eine Definition, sondern mehrere. Alle genannten Definitionen ähneln sich, unterscheiden sich aber in einzelnen Merkmalen bzw. Ausprägungen.

2. Neue Definitionen mit Bezug zu XR-Technologien

Zusätzlich dazu formulieren García-Tudela, Prendes-Espinosa und Solano-Fernández (2021) eine eigene Definition, die auf allen bisherigen Erkenntnissen aufbauen soll:

> »Physical environments enriched with technology and augmented with virtual education environments so as to optimize the training activity. By means of enriched methodologies and strategies and enriched assessment the cohesion between both environments (face-to-face and virtual) is promoted, thus creating a context enriched with new learning possibilities for each of the students.«
>
> García-Tudela, Prendes-Espinosa und Solano-Fernández (2021), University of Murcia, Spanien

Demnach sind SLEs digital angereicherte, physische Lernumgebungen, die durch digitale Lernumgebungen erweitert werden, um den Lernprozess zu optimieren. Der Zusammenhang zwischen Präsenzformaten und virtuellen Lernumgebungen wird mittels angereicherter Methoden und Strategien gefördert, wodurch für alle Lernenden ein bereichernder Kontext mit neuen Lernmöglichkeiten geschaffen wird. Spannend finde ich, dass jetzt auch stärker die Begriffe »augmented« und »virtual environment« verwendet werden, die für mich ganz klar auf XR-Technologien verweisen. Mehr dazu dann in Kapitel 2.1.4.

Alle SLE-Definitionen von 2012-2021 im Überblick (zum Download)

3. Bewertung und Vergleich bestehender SLE-Frameworks
Weiterhin interessant an dem aktuellen Paper ist, dass darin nicht nur Definitionen, sondern auch Modelle und insgesamt acht Frameworks miteinander verglichen werden. Hierbei kann man feststellen, dass die Frameworks – ähnlich wie bei den Definitionen auch – unterschiedliche Perspektiven einnehmen und ein direkter Vergleich kompliziert ist.

4. Meine Forschungsergebnisse aus 2018 sind Teil des internationalen Diskurses
Ein wenig erstaunt war ich dann aber doch, als ich festgestellt habe, dass unter den acht relevantesten Frameworks auch meine eigenen Forschungsergebnisse aufgeführt und mit den anderen Frameworks verglichen wurden. Was für eine Ehre, einen Beitrag zum internationalen Diskurs beim Thema Smart Learning Environments geleistet zu haben. Einen Überblick über die aufgeführten Frameworks liefert die folgende Abbildung:

SLE models or frameworks (chronologically ordered)	
Reference	**Reference Model dimensions**
Hwang (2014)	Learning status detecting module. Learning performance evaluation module. Adaptive learning task module. Adaptive learning content module. Personal learning support module. Set of databases for keeping the learner profiles, learning materials, etc. Inference engine and a knowledge base for determining the »value« of the candidate learning tasks, strategies and tools.
Zhu, Sun, and Riezebos (2016)	Teaching presence (instructional design, facilitation and direct instruction and technological support). Technological presence (connective, ubiquitous access and personalized). Learner presence (autonomous learner, collaborative learner and efficient technology user).
Zhu, Yu, and Riezebos (2016)	Smart environments. Smart pedagogy (contemplates the inclusive educational view). Smart learners. It contemplates a 4-level architecture of intelligent pedagogies.
Laxmikant (2017)	Connectivity (IoT). Business model. Killer applications (applications for data management).
Liu, Huang, and Wosinski (2017)	Learning experience (any place, way, time and pace). Supporting technologies (advice and supportive technology). Core elements of learning scenarios (learning tasks, learning methods, learning goals, learning space, learning community, etc.) Logical laws for teaching and learning.

SLE models or frameworks (chronologically ordered)	
Reference	**Reference Model dimensions**
Freigang, Schlenker, and Köhler (2018)	Participatory corporate culture. User centricity. Didactical variety. Hybrid learning space. Hybrid learning assistance.
Maulidiya, Santoso, and Hasibuan (2019)	Smart Learning (learning activities, learning path, learning contents, learning portfolio, learner behavior model). Smart pedagogy (presentation, assessment, intervention, feedback, teaching management). Smart supporting system (smart room, e-learning system and multichannel communication).
Yusufu and Nathan (2020)	Smart pedagogies based on learning theory. Smart learning environment (physical and virtual classrooms). Smart technologies. Smart learners (students, teachers or learning communities).

Smart Learning Frameworks im internationalen Vergleich (2014–2020)

Die Ergebnisse sind so interessant, dass ich mich mehrere Tage oder gar Wochen damit befassen könnte. Was mir auf den ersten Blick auffällt, ist, dass hier unterschiedliche Ebenen durcheinander gehen bzw. je nach Perspektive unterschiedliche Dimensionen definiert wurden – deshalb fällt ein direkter Vergleich schwer. Man müsste nun die einzelnen Ausführungen der jeweiligen AutorInnen sichten und die Kontexte, in denen die Dimensionen entstanden sind, im Detail analysieren. Aus der Gegenüberstellung lässt sich jedenfalls erkennen, dass sich die Dimensionen zum großen Teil auf unmittelbare Beziehungen und Interaktionen der Lernenden innerhalb eines SLEs beziehen.

In Anlehnung an Bronfenbrenner (1979) beziehen sich die Frameworks also überwiegend auf die Mikro- sowie die Mesoebene menschlicher Beziehungen. Bronfenbrenners Ansatz (vgl. folgende Abbildung) habe ich dem HoLEX®-Framework (vgl. Details ab Kapitel 3.1.1.1) zugrunde gelegt, da ein ökosystemischer Ansatz zur Systematisierung von Einflussfaktoren auf die menschliche Entwicklung hilft, strukturiert mit vielen unterschiedlichen Faktoren und Ebenen umgehen zu können.

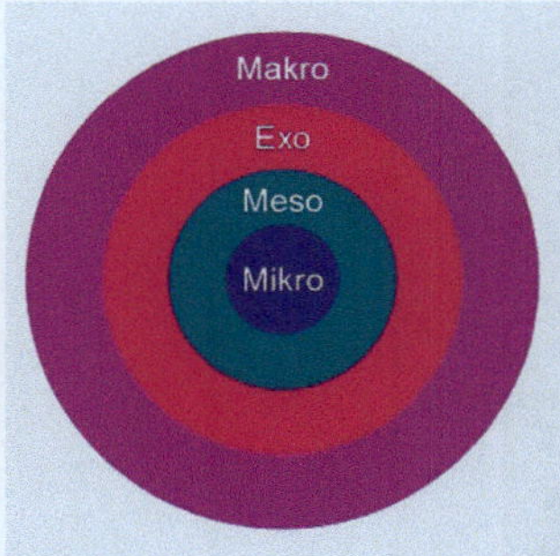

Mikro-, Meso-, Exo- und Makro-Ebene nach Bronfenbrenner (1979)

Entsprechend bietet sich die Adaption des ökosystemischen Ansatzes nach Bronfenbrenner (1979) auch für das Design eines SLE-Frameworks an. Durch die Anwendung ergibt sich eine bestimmte Struktur, auf deren Basis folgende grundsätzliche Ebenen im Rahmen des SLE-Modells unterschieden werden können (Freigang, 2021, S. 284):

- Das **SLE-Makrosystem** ist die Gesamtheit aller Beziehungen in einer Gesellschaft, damit auch der Normen, Werte, Konventionen, Traditionen, der kodifizierten und ungeschriebenen Gesetze, Vorschriften und Ideologien.
- Ein **SLE-Exosystem** ist ein Beziehungsgeflecht, dem die Person, die ein SLE verwendet, nicht direkt angehört, sodass sie nur einen beschränkten oder gar keinen Einfluss auf dessen Gestaltung hat.
- **SLE-Mesosysteme** bezeichnen die Gesamtheit der SLE-Beziehungen eines Menschen, also die Summe der SLE-Mikrosysteme und die Beziehung zwischen ihnen.
- **SLE-Mikrosysteme** umfassen die unmittelbaren Beziehungen und Interaktionen der Lernenden innerhalb eines SLEs. Die Interaktionen können dabei entweder ausschließlich zwischen einer Person und dem SLE oder auch innerhalb eines kollaborativen Lernsettings mit anderen Lernenden stattfinden.

Falls du das Originalpaper lesen möchtest, öffne folgendes PDF.

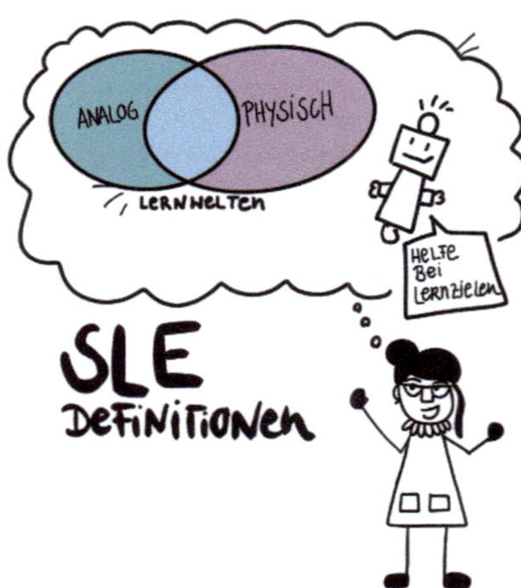

SLE-Definitionen und Frameworks im Vergleich nach García-Tudela, Prendes-Espinosa und Solano-Fernández (2021)

Die internationale Bewertung

Spannend ist die Bewertung der jeweiligen Frameworks durch die AutorInnen. Zu meinem Framework in Freigang, Schlenker und Köhler (2018) heißt es wie folgt:

> »Freigang et al. (2018) acknowledge the simplicity of the framework when it comes to putting it into practice. However, the diagram does not expose the design itinerary and the connection points are complex to interpret. Likewise, different factors such as ›develop knowledge ecology‹, ›apply privacy-by-design‹, ›carry out comprehensive analysis of requirements‹, among many others, demand a greater depth to facilitate their understanding and practical transfer.
> It is considered a valuable contribution to complement SLE models already implemented, but not a starting point, since it would represent an educational disruption.«
>
> García-Tudela, Prendes-Espinosa und Solano-Fernández (2021)

Aus der Bewertung geht hervor, dass das Framework alles andere als selbsterklärend und in einem ersten Schritt zu komplex für eine Anwendung in der Praxis ist. Man benötigt fachliche Anleitung und Spezialwissen zu den einzelnen Faktoren, damit der Transfer in die Praxis gelingt.

Fakt ist: Das HoLEX®-Framework ist gut, aber komplex. Die einzelnen Abläufe im Detail nachzuvollziehen ist schwierig. Das ist auch einer der Gründe, warum ich mich dazu entschieden habe, dieses Buch zu schreiben, um genau diese Lücke zu füllen und eine Anleitung bzw. konkrete Hilfestellung zu geben.

Abschließend wagen wir einen letzten Blick auf das von García-Tudela, Prendes-Espinosa und Solano-Fernández (2021) neu entwickelte Framework. Dieses wurde u. a. auf der Basis von Expertenmeinungen erstellt und umfasst insgesamt fünf Dimensionen. Es wird »SLE-5« genannt.

5. Es gibt ein neues Framework – SLE-5

Das von García-Tudela et al. (2021) vorgestellte SLE-5-Framework wurde aus einer bildungswissenschaftlichen Perspektive heraus entwickelt. Mehr zum Thema interdisziplinärer, wissenschaftlicher Zugang folgt in Kapitel 2.1.6. Nach García-Tudela et al. (2021) ist ein wesentliches SLE-Merkmal, dass physische und analoge Lernwelten verbunden werden. Darüber hinaus unterstützen digitale Lernassistenten die Lernenden in ihren Lernzielen, indem sie kommunikative, reflektierende und kollaborative Lernprozesse anregen und unterstützen.

Laut García-Tudela et al. (2021) müssen hierfür methodische, räumliche und technologische Möglichkeiten optimal aufeinander abgestimmt werden. Laut den Autoren reicht es nicht aus, lediglich smarte Endgeräte oder Bots zu verwenden. Für SLEs müssen alle fünf Dimensionen berücksichtigt werden. Das von den Autoren vorgestellte SLE-5-Framework bezieht sich auf formale Bildungsangebote, bei denen darüber hinaus noch Fragen einer passenden Zertifizierung geklärt werden müssen. Alle fünf Aspekte müssen für die jeweiligen Lernenden optimal orchestriert werden.

Ziel des Frameworks nach García-Tudela et al. (2021) ist es, ein anpassbares Modell – in Abhängigkeit von den jeweiligen Lernzielen – für jede Bildungsebene sowie für jede Form aus physischen und analogen Lernsettings ableiten zu können. Als zentrale Disziplin sehen García-Tudela et al. (2021) die Arbeitswissenschaften. Auf diesen Grundlagen aufbauend wurde das SLE-5-Framework entwickelt, das in der Abbildung im Detail dargestellt ist.

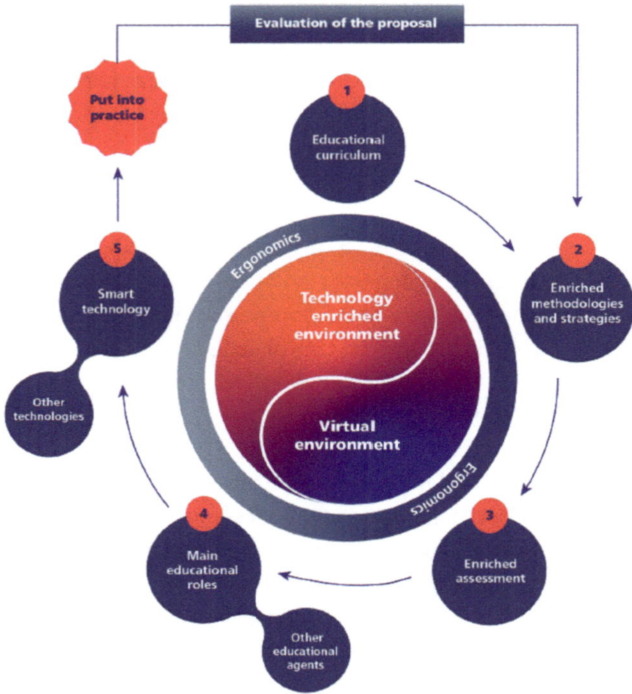

Das SLE-5-Framework nach García-TudelaFernández (2021)

Die Abbildung zeigt, dass es sich um einen sequenziellen Ablauf handelt. Zu Beginn muss eine erste Entscheidung über das entsprechende Curriculum gefällt werden. Dies beinhaltet die Festlegung zu Lehr-/Lernzielen, zu den Rahmenbedingungen und zum Ablauf des Lehr- und Lernprozesses. Sobald die letzte Iteration (5), also die Anreicherung mit smarten Technologien, abgeschlossen ist, beginnt die Umsetzung in die Praxis. Damit verbunden sind die Implementierung und die erste Evaluation, die wiederum Ausgangspunkt für weitere Designentwürfe (Iterationen) ab Dimension 2, also den angereicherten Methoden und Strategien, darstellt. Ziel ist es, das Smart-Learning-Konzept in fünf iterativen Schleifen kontinuierlich zu verbessern:

1. Im **Curriculum** werden Lehrziele definiert und ein Konzept des Lehr- und Lernprozesses erstellt.
2. **Angereicherte Methoden und Strategien** gewährleisten eine Lernerfahrung in analogen wie auch virtuellen Lernsettings.
3. Die »**angereicherte Bewertung**« bezieht sich auf die Auswahl der jeweiligen Prüfungsart (formativ oder summativ), auf die Strategien (Evaluationen, Selbsteinschätzung, Peer-Feedback) sowie auf die verwendete Technik (Fragebögen, Klausuren, Portfolios etc.). Begleitet wird das Prüfungsverfahren durch ein fortlaufendes Monitoring in Form von Learning Analytics.

4. **Pädagogische Rollen** übernehmen unterschiedliche Aufgaben und Pflichten und sind unterschiedlichen Autoritätsstufen zugeordnet.
5. **Intelligente Technologien** werden im SLE-Gestaltungsprozess erst zum Schluss designt und in die jeweiligen Lernsettings integriert. Hier geht es hauptsächlich um die Auswahl von smarter Hard- und Software, wobei Geräte mit dem Internet verbunden und einzelne Abläufe automatisiert werden. Ziel ist es, eine optimale Lernumgebung zu gestalten. Insofern können auch weitere Technologien implementiert werden. Die erwünschte Konnektivität zwischen allen technischen Komponenten im Klassenzimmer sowie deren Automation kann durch das Internet der Dinge gefördert werden.

García-Tudela et al. (2021) betonen, dass das SLE-5-Framework bewusst generalisierend formuliert wurde, insbesondere in Dimension 2, um alle methodischen und strategischen Konzepte umsetzen zu können.

2.1.5 Technologische Merkmale

Aufbauend auf den nach Zhu et al. (2016) bereits oben zitierten zehn Eigenschaften von SLEs (siehe Abbildung) werden unterschiedliche Technologien benötigt, um SLEs umsetzen zu können. Technologie muss nach Spector (2014) die drei Es unterstützen, also

- Engagement,
- Effectiveness und
- Efficiency.

Somit erhält die verwendete Technologie einen Sinn und einen spürbaren Nutzen.

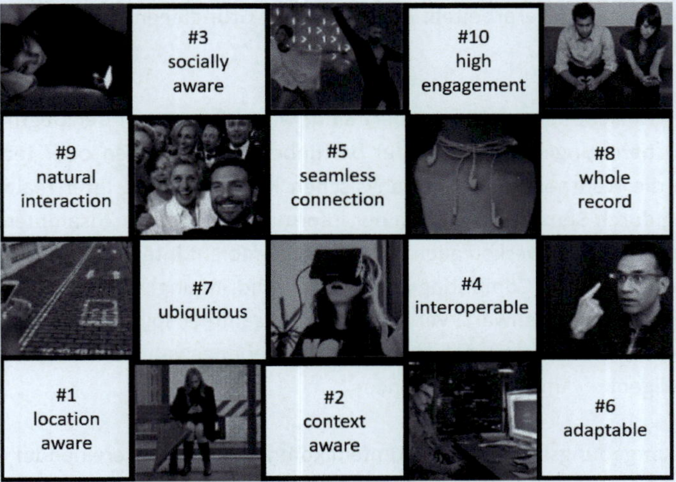

Die 10 Eigenschaften von SLEs nach Zhu et al. (2016)

Entsprechend werden bei Smart Learning unterschiedliche Technologien in einem Ökosystem gebündelt, wodurch ein hybrides und intelligentes Lernumfeld ermöglicht wird:

Ein Smart Learning Environment kann demnach

1. den Standort der Lernenden erkennen (Location Awareness),
2. thematische Zusammenhänge erkennen (Context Awareness),
3. soziale Beziehungen erkennen (Social Awareness),
4. mit verschiedensten Ressourcen und Plattformen Daten austauschen (Interoperability),
5. eine nahtlose Vernetzung zu Lernservices herstellen (Seamless Connection),
6. sich an den Bedarf und die Vorlieben der Lernenden anpassen (Adaptability),
7. überall und jederzeit genutzt werden (Ubiquitousness),
8. Lernpfade für künftige Angebote analysieren und speichern (Whole Record),
9. Mimik und (Körper-)Sprache erkennen (Natural Interaction) und
10. intrinsisch motivierende Lernformen unterstützen (High Engagement).

Smart Learning Environments entstehen durch Technologie-Ökosysteme bestehend aus IoT, AI und XR.

Im Folgenden werden die einzelnen technologischen Zugänge kurz beschrieben, um die jeweiligen SLE-Erscheinungsformen und Ausprägungen besser nachvollziehen zu können.

Internet of Things/Internet der Dinge (IoT) ist nach Kaufmann (2015) eine globale Netzwerkinfrastruktur, an die Maschinen und Geräte angeschlossen werden. Ein wichtiges Merkmal des Internets der Dinge sind »Smart Objects« – diese entstehen dadurch, dass Alltagsgegenstände (Objekte/Dinge) mit »technischer Intelligenz« ausgestattet werden. Somit sind die Objekte in der Lage, ihre Umgebung wahrzunehmen und Informationen zu verarbeiten. Technologische Grundlagen sind hier insbesondere Sensorik und Aktorik.

Soweit sensorische Elemente integriert sind, wird häufig auch der Begriff »**Umgebungswahrnehmung**« verwendet, der bei unbelebten Objekten oder technischen Systemen die Wahrnehmung ihres physischen Kontextes bzw. ihrer realweltlichen Umgebung durch Sensoren meint. In der Informatik werden im Zusammenhang mit derartigen Sensornetzwerken auch die Begriffe »Ambient Intelligence« (Umgebungsintelligenz), »Pervasive Computing« (Rechnerdurchdringung) und »Ubiquitous Computing« (Rechnerallgegenwart) verwendet. Im Zusammenspiel mit der Fähigkeit zu (teil-)autonomem Handeln entsteht aus der »Umgebungswahrnehmung« die »Umgebungsintelligenz« (»Ambient Intelligence«).

In einem »umgebungsintelligenten« Umfeld kommunizieren untereinander vernetzte Dinge und Systeme, um Menschen in ihrer Alltags- oder Arbeitsumgebung zu unterstützen (Abicht et al., 2010). Überträgt man die technologischen Konstrukte auf pädagogische Konzepte, werden die Begriffe »Pervasive Learning«, »Ubiquitous Learning«, »Ambient Learning« oder »Adaptive Learning« verwendet. Durch das Internet der Dinge können unterschiedlichste physische und virtuelle Komponenten beim Lehr- und Lernprozess vernetzt, automatisiert und (KI-basiert) gesteuert werden. Erst dadurch werden komplexe, intelligente SLEs überhaupt möglich.

SLEs nutzen das IoT, um Informationen aus dem physischen Lernumfeld zu generieren und das lebenslange Lernen am Arbeitsplatz zu unterstützen. Kontextbezogene Informationen werden hierbei mit digitalen Lernprozessen verknüpft und mittels künstlicher Intelligenz ausgewertet, sodass SLEs als digitaler Assistent fungieren. Einen Überblick dazu bietet die folgende Infografik:

Das Internet der Dinge im Kontext von Smart Learning (zum Download oder Ausdrucken)

Artificial Intelligence/künstliche Intelligenz (AI) bezeichnet lernfähige Software, die zum Beispiel in der Lage ist, Inhalte nach Ähnlichkeit oder Passung auszuwählen (vgl. Beispiele zu ChatGPT, Kapitel 2.1.2). Auch Sprachsteuerung zählt zu den KI-Anwendungen. Künstliche Intelligenz ist der Oberbegriff für Anwendungen, bei denen Maschinen menschenähnliche Intelligenzleistungen erbringen. Darunter fallen das maschinelle Lernen oder Machine Learning (ML), das Verarbeiten natürlicher Sprache (NLP – Natural Language Processing) und Deep Learning. Die Grundidee besteht darin, durch Maschinen eine Annäherung an wichtige Funktionen des menschlichen Gehirns zu schaffen – Lernen, Urteilen und Problemlösen. Im bildungswissenschaftlichen Kontext wird der Begriff »Intelligent Tutoring Systems« verwendet.

Künstliche Intelligenz vereinfacht Lernprozesse, ermöglicht adaptive Lernpfade durch Learning Analytics und schafft datenbasierte Empfehlungssysteme. Sie erlaubt schnellere Entscheidungen auf einer besseren Datenbasis und erhöht die Anpassungsfähigkeit von lernenden Systemen durch Echtzeitinformationen (z. B. auch durch IoT-generierte Daten).

Extended Reality/Erweiterte Realität (XR) bezieht sich auf alle kombinierten realen und virtuellen Umgebungen und Mensch-Maschine-Interaktionen, ist also der Oberbegriff für unterschiedliche Ausprägungen, die von Augmented Reality (AR) über Mixed Reality (MR) bis Virtual Reality (VR) reichen. Erzeugt werden diese durch Computertechnologie und Wearables. XR bietet ein Erlebnis für die Sinne. Die Grenze zwischen Realität und simulierter Welt verschwimmt, da man visuell, akustisch oder auch haptisch in eine andere Welt eintauchen kann. In der **Augmented Reality (AR)** werden digitale Informationen und virtuelle Objekte in der realen Welt überlagert. Diese Erfahrung reichert das physische Lernumfeld mit digitalen Details wie Bildern, Text und Animationen an, auf die mittels AR-Brille oder über Bildschirme, Tablets und Smartphones zugegriffen wird. Die User sind nicht von der realen Welt isoliert, können interagieren und sehen, was sich vor ihnen abspielt. **Virtual Reality (VR)** lässt User im Gegensatz zur Augmented Reality vollständig in eine simulierte digitale Umgebung eintauchen und hat – anders als AR – gar nichts mehr mit der realen Welt zu tun. Ein VR-Headset oder ein am Kopf befestigtes Display sorgt für eine 360-Grad-Ansicht einer künstlichen Welt, die das Gehirn täuscht und den Usern vorgaukelt, sie würden z. B. auf dem Mars spazieren, in der Tiefsee tauchen oder in neue Welten eintreten. In der **Mixed Reality/gemischten Realität (MR)** existieren digitale und real existierende Objekte nebeneinander und können in Echtzeit miteinander interagieren. Sie erfordert ein MR-Headset (z. B. Microsoft HoloLens) und sehr viel mehr Rechenleistung als VR oder AR.

2018/2019 habe ich begonnen, systematisch und ausgiebig mit XR-Technologien zu experimentieren. Schließlich bin ich auf den Merge-Cube aufmerksam geworden. Hier eine Applikation, die mich besonders fasziniert hat:

Meine erste Begegnung mit dem Merge-Cube: »Mr. Body«

Der Merge Cube ist ein Schaumstoffwürfel, der als optischer Marker fungiert. Man könnte den Cube auch mit einem sechsseitigen-QR-Code vergleichen. Durch die einzigartigen Muster auf der Oberfläche erkennt das Smartphone, wie der Würfel in der Hand liegt und kann darauf basierend ein 3D-Objekt überlagern. So wird es möglich, in Kombination mit einem Smartphone oder Tablet unterschiedlichste 3D-Hologramme in der Hand zu halten.

Wie funktioniert der Merge Cube?

Das Praktische ist, dass es den Merge Cube auch als ausdruckbare PDF-Vorlage gibt. Diese findest du, wenn du den nächsten QR-Code scannst, damit du ihn direkt selbst ausprobieren kannst. Man benötigt nur ein Smartphone oder ein Tablet, um sich die Merge-Cube-Apps downzuloaden. Die Würfel-Vorlage als PDF muss man ausdrucken und zusammenbasteln. Alternativ kann der Cube auch im Internet bestellt werden. Danach kann es losgehen auf einen ersten Ausflug ins Sonnensystem (mit der Merge Explorer App) oder in unseren Körper (in Kombination mit der Human Anatomy App).

Du möchtest direkt loslegen und eigene 3D-Szenarien bauen? Es ist viel einfacher, als du vielleicht denkst. Alles, was du dafür brauchst, inklusive Merge-Cube-Papiervorlage findest du hier:

Wie du eigene 3D-Welten bauen kannst, inkl. Schritt-für-Schritt-Anleitung für Co-Spaces

3D-Hologramme können dazu genutzt werden, immersive Lernerlebnisse zu erzeugen. Ob in der Schule oder im beruflichen Kontext, die Einsatzbereiche sind vielfältig. Die von Merge herausgegebene App Object Viewer umfasst eine sehr große Kollektion unterschiedlichster 3D-Objekte und ist für den Einsatz in der Schule optimiert.

Aber auch in der betrieblichen Weiterbildung können 3D-Objekte das Lernen bereichern. So habe ich die 30 Erfolgsfaktoren für Smart Learning mithilfe des Merge Cubes als 3D-Modell erstellt. Auf diese Weise konnten Teilnehmende des Design Sprints das Konzept von Smart Learning explorativ und selbstgesteuert erforschen. Hierfür haben wir die Merge-Cube-Entwicklungsumgebung genutzt, um eigene Inhalte als 3D-Simulation zu erzeugen. Der Bosch IoT-Campus diente als prototypisches Smart Learning Environment und wurde modellhaft nachmodelliert. Für die 30 Erfolgsfaktoren wurden auf dem Campus typische Arbeitsbereiche identifiziert, die die Erfolgsfaktoren widerspiegeln. So konnte man den Bosch IoT-Campus als Hologramm in der Hand halten. Eine beeindruckende Erfahrung – nebenbei erschließt man sich die Erfolgsfaktoren für Smart Learning.

Wer mehr über Merge-Cube-App von Bosch erfahren möchte, kann sich folgendes Video dazu ansehen:

Eigene Merge-Cube-Apps entwickeln am Beispiel vom Bosch IoT-Campus

2.1.6 Interdisziplinäre Einordnung

Die folgenden Erläuterungen sind bewusst sehr kurz gehalten. Wer hier tiefer einsteigen möchte, insbesondere beim Thema Raumsoziologie, dem empfehle ich einen Blick in meine Dissertation (Freigang, 2021).

Die Analyse zum aktuellen Smart-Learning-Forschungsstand insbesondere auch zu Definitionen und Frameworks hat ergeben, dass Online- und Offline-Lernwelten verschmelzen und nahtlos ineinander übergehen. Es handelt sich also um physische, augmentierte oder auch um virtuelle Lernwelten. Dementsprechend emergieren Smart Learning Environments an der Schnittstelle zwischen Mensch, Raum und Technologie (vgl. folgende Abbildung).

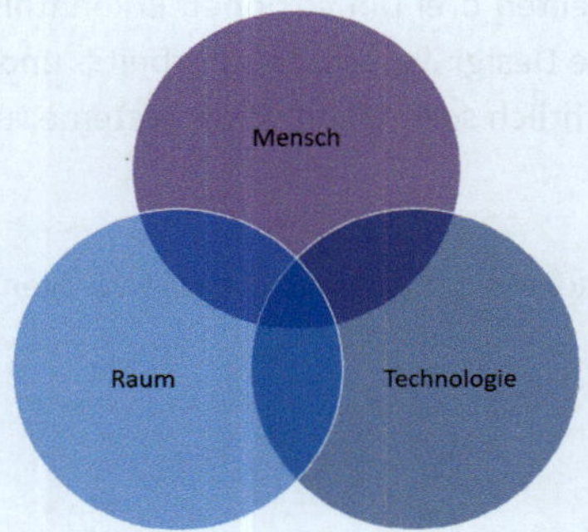

SLEs als Schnittstelle zwischen Mensch, Raum und Technologie

Ob Lernen gelingt oder nicht, ist immer vom lernenden Individuum selbst abhängig. Lernende tragen hier die Verantwortung. Die Aufgabe von Learning-Experience-DesignerInnen ist es, günstige Rahmenbedingungen für das erfolgreiche Lernen zu gestalten – also didaktische Konzepte zu erarbeiten, die auf wissenschaftlichen Befunden beruhen und soziale, methodische, technologische sowie raumsoziologische Lernsettings aktiv gestalten, managen und steuern.

Alle drei Dimensionen – Mensch, Raum und Technologie – sind miteinander verbunden und beeinflussen sich gegenseitig. Die drei Dimensionen bilden auch die Grundlage für das HoLEX®-Framework (vgl. Kapitel 3.1.1.1), in der die drei Dimensionen nochmals aufgefächert und individuell betrachtet werden.

Die Lernfähigkeit eines Individuums hängt in erster Linie von seiner inneren subjektiven Konstitution in Bezug auf seine Umwelt, also die jeweilige Lernumgebung, ab (Details dazu folgen in Kapitel 2.2 ff.). Sie hängt aber auch von den zur Verfügung stehenden Technologien ab, die im Kontext der Lernumgebung verwendet werden können. Alle drei Dimensionen sind voneinander abhängig und beeinflussen sich gegenseitig. Das bedeutet, dass Lernen im Kontext von Smart Learning das Ergebnis eines Zusammenspiels der beschriebenen dreigliedrigen Struktur ist.

Ziel von Smart Learning ist es, aus einer passiven Wissensvermittlung eine aktive Lernerfahrung zu erzeugen. Darüber hinaus sollen die richtigen Informationen zur richtigen Zeit am richtigen Ort und auf die richtige Art und Weise zur Verfügung gestellt werden. Trotz des hohen Stellenwerts der Technologie handelt es sich um einen menschenzentrierten Ansatz (Freigang, 2021), bei dem Lernen als motivierende und interaktive Erfahrung wahrgenommen werden soll. Die Technik und ihre Anwendung treten dabei im Idealfall vollständig in den Hintergrund.

Es handelt sich um einen transdisziplinären Ansatz, der zusammen mit Praxisakteuren auf der Basis der vorgestellten drei Dimensionen Erkenntnisse aus Bildungswissenschaften, Informatik sowie Design verschränkt. Arbeits- und organisationspsychologische Erfahrungen hinsichtlich soziotechnischer Systeme runden den theoretischen Hintergrund ab.

Die folgende Grafik veranschaulicht den Anteil der jeweiligen Fachdisziplinen:

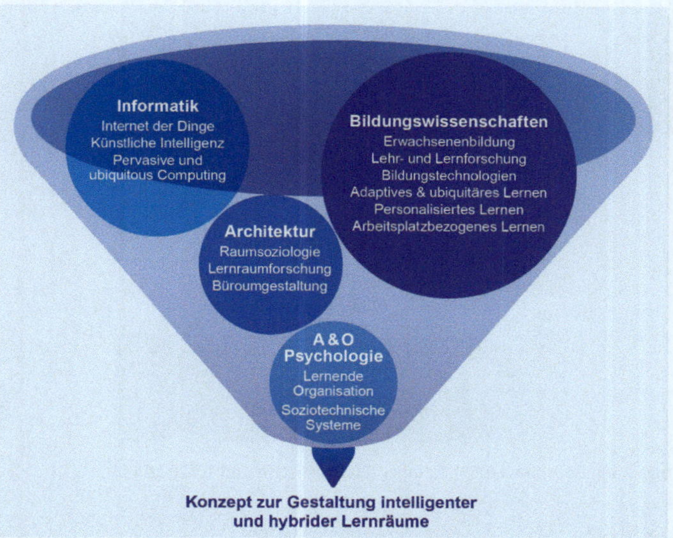

Fachdisziplinen und deren Anteil an der interdisziplinären Forschung bei SLEs

Diesem transdisziplinären Ansatz folgend verbindet das Konzept von Smart Learning mehrere Fachdisziplinen mit dem Ziel, ein ganzheitliches, soziotechnisches Gestaltungsverfahren für eine zukunftstaugliche Bildungspraxis zu liefern. Im Zentrum dieser bildungstheoretischen Transformationsprozesse stehen Menschen, die Bildung neu denken und innovieren. Es ist nicht die Technik, die die Bildung verändert. Trotzdem eröffnen neue Technologien – nicht zu vergessen ist dabei das Plädoyer für Engagement, Effektivität und Effizienz (Spector, 2014) – neue Zugänge zum Lernen, die durch Smart Learning Environments ein enormes Potenzial für arbeitsplatzbezogene Lernformen erkennen lassen.

Um diesen Wandlungsprozess theoretisch fundiert begleiten zu können, ist es wichtig, alle Anforderungen aus einer pädagogischen, technologischen und architektonischen/designbasierten Perspektive zu betrachten und zusammenzuführen. Nur so kann es gelingen, Smart Learning Environments zielgerichtet, theoretisch fundiert und systematisch auf der Basis wissenschaftlicher Befunde zu gestalten. In den letzten Abschnitten wurden technologische Einflüsse bereits gründlich analysiert. Ergänzend dazu wollen wir nun den Blick auf den Begriff »Lernraum« fokussieren.

Erst in der holistischen Betrachtung des Lernraums, der sich durch eine materielle, virtuelle und soziale Ebene manifestiert (vgl. folgende Abbildung), wird es möglich, Smart Learning Environments didaktisch fundiert zu konzipieren.

Raumsoziologie nach Bourdieu (2007), Edinger (2015), Mistele und Trolle (2006)

Raumtheoretische Grundlagen
Den theoretischen Grundlagen der Raumtheorie folgend manifestieren sich Lernräume in einem Zusammenwirken folgender Ebenen:

1. Materielle Ebene
2. Soziale Ebene
3. Virtuelle Ebene

Diese sind in ihrem kontinuierlichen Wirkungsgefüge untereinander verschränkt, können zu analytischen Zwecken jedoch auch einzeln betrachtet werden.

Essenziell für das Verständnis eines erlebten Raumes aus den genannten drei Komponenten ist, dass der Raum immer ein Zusammenspiel aus all diesen Komponenten ist. Sofern sich nur eine einzige Komponente verändert, wie etwa durch das Aussetzen des WLAN, ändert sich der komplette Raum in der subjektiv wahrgenommenen Wirkung für die Lernenden. Der Doppelcharakter von Struktur und Handeln bedingt explizit in Bezug auf Lernräume, dass die gleichen didaktischen Settings und Inhalte je nach Zusammensetzung der jeweils vorhandenen Raumkomponenten eine andere Wirkung entfalten können.

Entsprechend argumentiert Erdinger (2015), nach Verhaltensmustern in ähnlichen Umgebungen zu suchen. Diese individuelle, sehr spezifische Recherche und Gestaltungsarbeit lässt sich dann systematisch mit Methoden aus dem Design Thinking wie z. B. Personas oder Learning Journeys begleiten. Auf der Basis dieser theoretischen Vorüberlegungen soll in Kapitel 2.2.4 auf die pädagogische Rolle des Raumes eingegangen werden, um Gestaltungsempfehlungen für Smart Learning Environments ableiten und identifizieren zu können.

2.1.7 Zusammenfassung

Aufbauend auf den aktuellen Forschungsergebnissen ergibt sich eine ökosystemische Struktur (in Anlehnung an Bronfenbrenner, 1979), in der zunächst die übergeordnete pädagogische Sichtweise betrachtet werden muss. Handelt es sich um ein selbstorganisiertes Lernsetting, das z. B. durch die Teilnahme an einer offenen, unternehmensübergreifenden SLE-Community (vgl. Kapitel 3.1.3.1) umgesetzt wird, oder handelt es sich um formal designte Smart Learning Environments (vgl. ab Kapitel 3.1.3.2), die für den Einsatz in Organisationen (bzw. Schulen/Hochschulen) konzipiert wurden? Für beide pädagogischen Szenarien sind dieselben SLE-Dimensionen und Erfolgsfaktoren relevant.

Oberstes Ziel bei Smart Learning Environments ist es, das Lernen so zu gestalten, dass es ansprechender, effektiver und effizienter wird (vgl. die drei Es nach Spector, 2014). Im Zentrum dieses Ziels steht das lernende Individuum selbst. Lernen kann nur vom Lernenden selbst aktiv gesteuert werden. Lernen kann von außen nicht »gemanagt« werden, sondern ist in hohem Maße vom lernenden Subjekt selbst abhängig.

Was aktiv gestaltet werden kann, sind die Rahmenbedingungen, also alle Dimensionen und Faktoren, die Einfluss auf das Lernerleben haben. In den letzten Abschnitten wurde gezeigt, dass die Lernfähigkeit des Individuums von Technologie, Didaktik und Raum abhängig ist. Der Einsatz von Technologien ist dabei nur eine Möglichkeit von mehreren, um das Lernen insgesamt besser zu gestalten. Darüber hinaus sind die didaktischen Konzepte und räumlichen Arrangements (egal ob offline, online, virtuell oder hybrid) entscheidend.

Die pädagogische Meta-Perspektive

Zusammenfassend kann festgestellt werden, dass vier strukturelle Ebenen (Mikro-/Meso-/Exo- und Makro-Ebene) voneinander unterschieden werden können. Die Meso-Ebene beinhaltet die o. a. Dimensionen Technologie, Didaktik und Raum, also diejenigen relevanten Interaktionsfelder, die aktiv gestaltet werden können. Entweder von den Lernenden selbst (intrinsisch motiviert) oder von außen gesteuert, also seitens der Organisation im Kontext formaler Arbeits- und Lernumgebungen. Die Abbildung zeigt die SLE-Ebenen mit der Gesamtheit der SLE-Beziehungen eines Menschen auf der Mikro-Ebene sowie die Beziehungen zwischen Meso-, Exo- und Makro-Ebene.

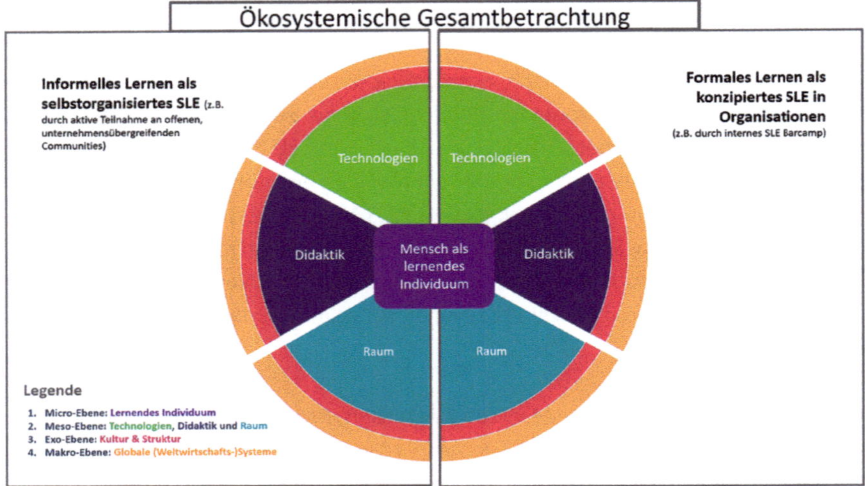

Die ökosystemische Gesamtbetrachtung von SLEs auf Mikro-, Meso-, Exo- und Makro-Ebene

Fazit

SLEs konstituieren sich aus einem dynamischen Zusammenwirken aller oben aufgeführter Ebenen und Dimensionen. Wenn die gesamtgesellschaftliche Verantwortung unserer (Weiter-)Bildungssysteme darin besteht, junge und auch erwachsene Menschen zu klugen Personen mit Urteilskraft und Problemlösefähigkeit auszustatten, dann müssen wir Bildung und v. a. auch das Design von Bildungsangeboten ökosystemisch denken und gestalten.

How to motivate our children to be excited about the future?

Wir wissen alle, wie komplex unsere Welt geworden ist. Genau deswegen benötigen wir fundiertes Wissen darüber, wie Menschen gut und gern lernen, damit wir die Herausforderungen unserer Zeit bewältigen und langfristige Lösungen z. B. für die Klimakrise, soziale Ungleichheiten u. Ä. entwickeln können.

Es gibt unzählige bildungswissenschaftliche Modelle und Frameworks, die das Lernen oder eben auch Smart Learning Environments erklären wollen. Das Problem besteht aus meiner Sicht allerdings darin, dass wissenschaftliche Modelle dazu dienen, sehr komplexe Sachverhalte systematisch zu simplifizieren. Ziel der Modelle ist es, die Komplexität unserer Welt zu reduzieren.

Meiner Meinung nach ist dies jedoch nicht möglich bzw. nicht sinnvoll. Komplexität sollte, so denke ich, nicht reduziert, sondern sichtbar und handhabbar gemacht werden. Weiterhin ist meine Annahme, dass dieses Streben nach Vereinfachung ggf. auch ein Grund dafür sein könnte, warum das vorhandene (bildungswissenschaftliche) Wissen unserer Welt in der Bildungspraxis (noch) nicht angekommen ist. Wir wissen, was gutes Lernen auszeichnet, wir schaffen es aber nicht, dieses Wissen in der Praxis und im Bildungsalltag zu verankern. Aus diesem Grund habe ich auf der Basis wissenschaftlicher Erkenntnisse das soziotechnische HoLEX®-Framework entwickelt.

Das Framework ist komplex. Ja, das ist richtig. Das war einer der Kritikpunkte im wissenschaftlichen Diskurs (vgl. Kapitel 2.1.4). Es wurde aber sehr bewusst nicht der Versuch unternommen, den komplexen Lernprozess von Individuen (in Organisationen) zu vereinfachen und so die Komplexität zu reduzieren. Das Framework macht die kausalen Abhängigkeiten sowie die dynamischen Wechselwirkungen sichtbar. Es dient als Planungs-, Analyse- und Entwicklungsinstrument gleichermaßen. Es bündelt all die oben genannten ökosystemischen Ebenen, verbunden mit dem Ziel, den Transfer der wissenschaftlichen Erkenntnisse in die komplexe Welt der Bildungspraxis zu ermöglichen (vgl. Kapitel 3).

Wir alle brauchen Komplexitätsverständnis

Systemisches bzw. Komplexitätsverstehen heißt nicht, einen Zusammenhang zwischen Elementen nur zu konstatieren (»alles hat irgendwie mit allem zu tun«). Es kommt darauf an, die Art und Weise, den jeweils konkreten Mechanismus der Zusammenhänge zu verstehen und Muster mit ihren wechselseitigen Voraussetzungen und Konsequenzen zu erkennen. Das heißt vor allem, die Art und Weise des Zusammenhangs zwischen Individuum und Gesellschaft oder zwischen Ebenen und Dimensionen zu identifizieren, zu analysieren und auf der Basis dieser Erkenntnisse fundierte (Gestaltungs-)Entscheidungen ableiten zu können. Denn nur dann besteht die Chance, passende Strategien für eine erfolgreiche Weiterbildungsarbeit bzw. für zeitgemäße Personalentwicklung heute und in Zukunft aktiv zu gestalten. So wird es möglich, sich auf die Zukunft strategisch vorzubereiten, anstatt reaktiv den immer neuen (Bildungs-)Anforderungen hinterherzulaufen.

Auf ihrem Blog formuliert Lisa Rosa die Forderung nach einem allgemeinen **Komplexitätsverständnis** wie folgt:

> »Wir müssen größer ausholen und statt (oder zusätzlich zur) Symptombekämpfung tiefer gehen in Analyse und Strategie. […] Der Grund dafür ist leicht zu verstehen: Wir leben in einer komplexen Welt-Gesellschaft, die komplexe Probleme produziert. Diese Probleme und die gesellschaftlichen Mechanismen dahinter erfordern ein *adäquates Denken, das selbst komplex genug* für ein Verständnis dafür ist. Ein solches Denken reduziert sich weder auf scheuklappenartige Hochspezialisierung noch auf einen bloß vagen Gesamtüberblick. […] Aber merkwürdigerweise trifft die vielleicht sogar aufpoppende Idee, man müsse nun genaueres über diesen Zusammenhang wissen, um ihn

zu überwinden, auf weißes undurchsichtiges Gelände in der Wissenslandkarte. Denn weder in der Schule, noch im Studium hat man ein systematisches Wissen vom Zusammenhang gelernt. Denn alles Wissen ist traditionell systematisiert in Fachwissen.«

Lisa Rosa, 2023

Wem das nun bisher alles zu abstrakt und theoretisch war, kann hier in weitere biografische Anekdoten eintauchen, in denen ich über die Zeit als Doktorandin reflektiere und meinen beruflichen Werdegang der Jahre 2013 bis 2023 von Zukunftsforschung über Smart Learning bis zum Metaverse zusammenfasse.

PDF mit persönlichen Anekdoten zum beruflichen Werdegang von 2013 bis 2023

2.2 Was zeichnet gutes Lernen aus?

Die Wissenschaft liefert uns Fakten und gesicherte Erkenntnis darüber, wie lernförderliche Rahmenbedingungen gestaltet werden können.

2.2.1 Konstruktivismus als lerntheoretische Basis

Ich bin davon überzeugt, dass ein konstruktivistischer Lehr- und Lernansatz eine fundierte wissenschaftstheoretische Basis bildet, um den Lernprozess zum einen zu verstehen und zum anderen für sich und andere effektiv gestalten zu können. Lernen wird dabei als ein höchst individueller Prozess betrachtet, der in hohem Maße vom lernenden Subjekt selbst abhängt.

2.2.2 Arbeitsplatzbezogenes Lernen

Weiterhin bin ich davon überzeugt, dass insbesondere selbstgesteuerte sowie arbeitsintegrierte Lernformen am Arbeitsplatz an Relevanz zunehmen werden. Wir benötigen zukünftig viel mehr niedrigschwellige, kontinuierliche Angebote im Unternehmen, um ein wirksames lebenslanges Lernen sicherstellen zu können. Zur Unterstützung des Lernens am Arbeitsplatz gibt es im Bereich der Weiterbildung eine Reihe von Lernmethoden, die das Lernen im Tandem, in Gruppen oder auch in selbstorganisierter Form unterstützen. Zu diesen spezifischen Methoden gehören beispielsweise (Reverse) Mentoring, Coaching, Personal Learning Environment (PLE), Lerninsel, Lernstatt/Forschungswerkstatt, Massiv Open Online Courses (MOOC), Web Based Trainings (WBT), Enterprise Social Networks (ESN), Communities of Practice (CoP), Learning Management Systems (LMS), Webinare, Online-Video-Konferenzen, Planspiele, Projektmethode, Qualitätszirkel, Working out Loud (WOL), Open-Space-Konferenzen etc.

Wichtig ist, dass arbeitsplatzintegrierte Lernformen strategisch und operativ unterstützt werden. Grundlegende Voraussetzungen für das Lernen am Arbeitsplatz sind folglich ausreichende Spielräume sowie Gelegenheiten und aktive Unterstützungsformate für Lernaktivitäten am Arbeitsplatz.

2.2.3 Selbstgesteuertes Lernen mit persönlichen Lernumgebungen (PLEs)

Parallel zur gängigen Diskussion um lebenslanges Lernen am Arbeitsplatz erhalten informelle und selbstgesteuerte Lernformen eine besondere Aufmerksamkeit im erwachsenenpädagogischen Diskurs. Das Lernen mit Personal Learning Environments (PLE, auch: persönliche Lernumgebung) kann dabei als organisierendes Rahmenkonstrukt des selbstgesteuerten, lebenslangen Lernens bezeichnet werden, das alle zum Lernen (und Arbeiten) benötigten Ressourcen umfasst (Buchem, Attwell und Torres, 2011).

Eine PLE bündelt verschiedenste Applikationen wie z. B. Social-Media-Kanäle oder auch E-Mail-Accounts, Blogs, Wikis, LMS/LCMS, Feeds, Literaturverwaltungsprogramme, Aufgabenplaner, Cloud-Backup-Systeme, Projektmanagement-Tools, Kalender etc., je nachdem, welche Dienste und Tools im Arbeits- bzw. Lernprozess benötigt und als sinnvoll betrachtet werden.

Insofern können adaptive KI-Verfahren mit dem Konzept einer PLE kombiniert werden. Ziel ist es dabei, den Lernenden auf effektive Art und Weise selbstgesteuert zu ermöglichen, auf relevantes Wissen und Informationen zuzugreifen, sofern ein aktueller Lernbedarf (on demand) am Arbeitsplatz besteht. Adaptive Lernsysteme können hierbei die digitale Lernumgebung (PLE) durch Anwendung von Verfahren aus der künstlichen Intelligenz unterstützen. Die Informationsflut wird hierbei kanalisiert und vorstrukturiert, um Informationsprozesse effizienter zu gestalten (Erpenbeck/Sauter, 2015). PLEs können auf diese Weise den persönlichen Wissenserwerb ein Leben lang begleiten. Diese Strukturen unterstützen als digitale Assistenten alle Ebenen des persönlichen Wissensmanagements – vom Recherchieren, Organisieren und Strukturieren, Informieren und Vernetzen, Speichern und Verwalten bis hin zum Verarbeiten, Visualisieren und Reflektieren von Inhalten. Wie das genau aussehen kann, zeigt folgende Infografik.

Digitale Lernassistenzen für persönliches Wissensmanagement nutzen und PLEs in vier Schritten mit SLEs verknüpfen

Eine PLE bildet damit die notwendige Voraussetzung für selbstorganisiertes und lebenslanges Lernen. Dies könnte ab dem Studium beispielsweise auch als E-Portfolio ausgebaut und ein Leben lang bzw. zumindest während der beruflichen Laufbahn gepflegt werden. Deshalb sollte das System grundsätzlich so gestaltet werden, dass Lernende ihren persönlichen Lernraum, ihre digitale Lernidentität »mitnehmen« oder zumindest löschen können, falls sie das bisherige Unternehmen verlassen möchten.

Doch wie könnte das gehen? Und wie könnte man eine PLE bauen, die nicht von zentralen, monopolartigen Anbietern wie Twitter, LinkedIn oder Google abhängig ist? Wie könnte man sicherstellen, dass die hinterlegten persönlichen Daten ausschließlich dem User gehören und nicht von den Interessen der Provider oder der Plattformen abhängig sind?

Wer sich für Lösungsansätze auf der Basis von dezentralen Netzwerken interessiert, kann hier in einen Deep Dive zur Übernahme von Twitter durch Elon Musk, zu Alternativen wie Mastodon und zur Sicherung persönlicher Inhalte durch Open Badges und Blockchain machen:

Social Media, Plattformen und die Gefahren monopolartiger Strukturen

Zusammenfassend können wir festhalten, dass erfolgreiches Lernen von vielen unterschiedlichen Faktoren abhängig ist. Lernprozesse sind komplex. Das Fazit könnte wie folgt lauten:

Gutes Lernen braucht eine Balance zwischen Instruktion und Konstruktion in Abhängigkeit von den Lernvoraussetzungen, Lerninhalten und Lernzielen.

Wem das nun im Überblick zu »gutem Lernen« zu oberflächlich war, kann in folgendem Short Paper mehr über valide Befunde aus der Wissenschaft nachlesen, denn es liefert wichtige Grundlagen für Kapitel 3.

Was zeichnet gutes Lernen aus? Lerntheoretische Grundlagen

Alternativ zum Paper sei hier noch auf ein informatives Video verwiesen, das die häufigsten Lernfehler thematisiert.

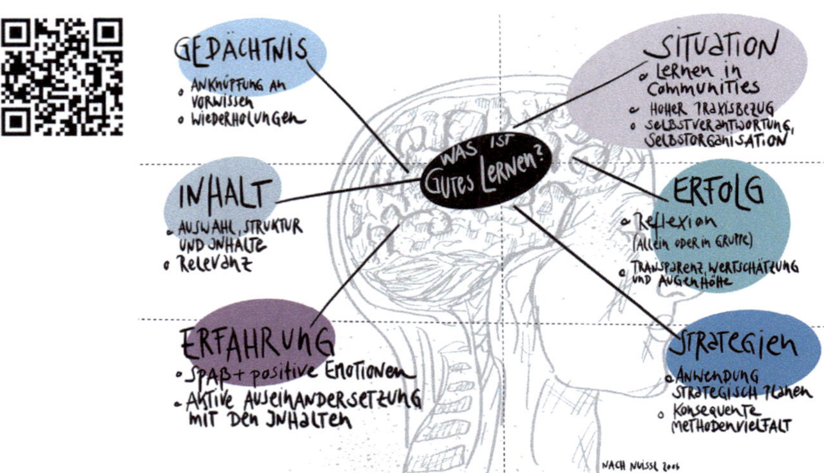

Die vier häufigsten Lernfehler (Mai Thi Nguyen-Kim)

2.2.4 Der Raum als dritter Pädagoge

In diesem Kapitel wurde am Anfang die Frage gestellt, was gutes Lernen auszeichnet. Es wurden wissenschaftlich fundierte, erwachsenenpädagogische Befunde dargestellt und erläutert. Im vorhergehenden Abschnitt wurde auf die interdisziplinären Erkenntnisse hingewiesen. Was jedoch in Kapitel 2.2. bisher noch fehlt und auch sehr oft in all den pädagogischen Konzepten rund um das Lernen von Kindern, Jugendlichen und Erwachsenen nicht beachtet wird, ist die Gestaltung der Lernumgebung selbst. Im Kontext von Smart Learning haben Räume eine besondere Rolle. Dabei ist es nicht relevant, ob es sich um physische (offline), hybride (offline und online in Echtzeit), digitale (online in 2D) oder gar rein virtuelle Welten (online in 3D) handelt.

Ich kann mich noch gut an ein Interview mit einem Professor für Wissensarchitektur erinnern, der zu mir sagte, dass Räume »Macht« ausüben. Macht über das, was in ihnen wie stattfinden kann. Ob gut oder schlecht gelernt wird, hängt auch von den jeweiligen Lernräumen ab. Menschen tendieren dazu, die Räume so zu benutzen, wie sie sie vorfinden. Daher ist es so wichtig, auf die Architektur sowie auf die Ausstattung und Möblierung zu achten. Laut Sesink (2007) konnte die Pädagogik allerdings noch keine fundierte Perspektive auf die Gestaltung von Lernräumen entwickeln. Er formuliert das Desiderat wie folgt:

> »Die architektonische Gestaltung von Lernräumen ist ein in seiner Bedeutung sträflich unterschätzter Teil pädagogischer Technik. Das Interesse für den Raum, das mit dem Vordringen der Neuen Technologien erwachte, ändert

> daran nichts. Eine der Diskussion um die notwendigen Qualitäten virtueller Lernräume auch nur annähernd vergleichbare Diskussion um die Qualitäten architektonischer Räume findet nicht statt.«
>
> Sesink (2007)

In Abgrenzung dazu kann festgestellt werden, dass sich insbesondere in den letzten Jahren ein großes Interesse am Thema »Bildungsräume« entwickelt hat. Neuere Publikationen verweisen auf eine gestiegene Bedeutung des Themas (Arnold, Lermen und Günther, 2015; Rummler, 2014), wobei sich eine deutliche Mehrheit mit digitalen Lernräumen oder deren metaphorischen Bedeutungen auseinandersetzt. Nicht zuletzt haben die Coronapandemie und ihre Herausforderungen viel dazu beigetragen, über digitale Lernwelten neu nachzudenken. Die Gestaltung von physischen Lernräumen ist weiterhin als Spezifikum zu betrachten, auch wenn wissenschaftliche Untersuchungen dazu eindeutig zugenommen haben.

Früher war klar, wie Lernen im Raum auszusehen hat: Die Lehrenden stehen vorn und erklären, während die SchülerInnen zuhören und in engen Sitzreihen eifrig mitschreiben. Bis heute sind die meisten (Hoch-)Schulen – zumindest architektonisch – auf eben diesen Frontalunterricht ausgerichtet: Ein Klassenzimmer reiht sich ans nächste entlang langer Flure, vorn eine Tafel oder ein Whiteboard, dazu ein Pausenraum und eine Turnhalle. Auch wenn sich der klassische Unterricht nicht 1 : 1 in Unternehmen wiederfindet, so spiegelt sich die dahinterliegende Haltung sehr oft in der Architektur wider. Auch Konferenz- und Meetingräume sind oft frontal ausgerichtet. Vorn wird präsentiert, hinten wird zugehört. Lange Flure, über die man zu einzelnen Büros oder Seminarräumen gelangt – dieses Bild kennen wohl alle.

Der Kontext Schule ist deshalb auch für das Lernen in Unternehmen relevant, weil sich eine solche – starre – Lernkultur in den Köpfen der Kinder verfestigt und damit auch im Erwachsenalter für selbstverständlich gehalten wird. Die Menschen haben über die komplette Schulzeit und auch anschließend im Studium gelernt, dass es immer ExpertInnen gibt, die die Welt erklären. Nie oder selten mussten sie selbst etwas tun. Es wurde verlangt, still und aufmerksam dazusitzen, zuzuhören und Inhalte als vermeintliches Wissen zu reproduzieren. Natürlich weiß man heute, dass Frontalunterricht nicht die einzige Säule der didaktischen Palette ist. Aber obwohl wir viel über neue Lehrmethoden wissen, haben sich die Architektur und auch die Haltung zur frontalen Lehre kaum verändert. Hier ein Video, das diesen Umstand sehr gut zusammenfasst.

Albert Einstein once said

Glücklicherweise gibt es aber auch Ausnahmen. Einige Menschen und Institutionen haben den Zusammenhang zwischen Didaktik und Architektur nicht nur erkannt, sondern bestmöglich umgesetzt. Um solche Best-Practice-Beispiele soll es im Folgenden gehen, denn nach Albert Einstein ist jeder ein Genie.

> »Wenn du einen Fisch danach beurteilst, ob er auf einen Baum klettern kann, wird er sein ganzes Leben glauben, dass er dumm ist.«

Für erfolgreiches Lernen braucht es Raum. Raum in all seinen metaphorischen Ausprägungen (vgl. die Abbildung »Die Vielfalt der Lernräume« im ersten Kapitel). Aber nicht nur rein metaphorisch, sondern eben auch physisch, hybrid, digital oder virtuell hat der Raum Einfluss auf die Lernmöglichkeiten, die ein lernendes Individuum vorfindet – oder eben auch nicht.

Margret Fell (2015) definiert Raumdidaktik als Planung und Gestaltung von materiellen Räumen, die nach pädagogisch-andragogischen Ansprüchen physikalisch, ästhetisch, funktional und extrafunktional so zu arrangieren sind, dass sie einen förderlichen Einfluss auf Bildungsprozesse haben. Sie argumentiert, dass Bildungsräume als didaktische Stützfunktion wirken, sofern diese günstige Konstellationen schaffen, die eine am selbstgesteuerten Lernen orientierte Weiterbildung ermöglichen.

Räume unterstützen auf diese Weise gezielt didaktische Grundformen, indem sie beispielsweise Raum für Begegnung und Dialog anbieten. Es wird deutlich, dass der Raum als dritter Pädagoge wirksam wird und sich Raum und Lernende gegenseitig beeinflussen. Die Erarbeitung von Inhalten findet nicht isoliert von der jeweiligen Umwelt statt. Es macht einen Unterschied, ob man z. B. im Garten sitzt und lernt oder in einem Büroraum. Wissenschaftliche Erkenntnisse aus der Cognitive Science zeigen, dass die Ver- und Erarbeitung von Wissen in der Interaktion mit dem jeweiligen individuellen Umfeld stattfindet. Fell (2015) stellt dazu fest:

> »Je unterschiedlicher Raumqualitäten sind, die ein Individuum erleben kann, desto umfassender gestaltet sich dessen kognitives Begreifen.«

Die Vielfalt der Raumqualität unterstützt also kognitive Lernprozesse. Dies bedeutet auch, dass nicht gut gestaltete Lernumgebungen negative Einflüsse auf den Lernerfolg haben. Sie führen zu schlechterer Motivation, mangelndem Wohlbefinden und Lernängsten (vgl. Fell, 2015, S. 50). Auch Mehrabian (1987) weist darauf hin, wie wichtig eine anregende, »lustbetonte« Lernumgebung für den Lernerfolg ist.

Die Montag Stiftungen tragen seit 1998 Gestaltungsleitlinien für eine pädagogische Architektur zusammen, indem sie Best-Practice-Beispiele aus Europa identifizieren und auf ihrer Homepage vorstellen. Dabei fokussieren sich die Montag Stiftungen insbesondere auf Schulbauten. Auch im schulischen Bildungssystem lassen sich grundlegende Muster für moderne Lernformen erkennen, die sich auf arbeitsplatzbezogenes Lernen übertragen lassen. Die Montag Stiftungen plädieren für eine ausgeprägt kompetenzorientierte Lernmethodik. Danach ist der Erwerb von Kompetenzen ein Lernprozess, in dem Aktivitäten, Emotionen, Kognitionen und Situationen auf vielfältige Weise miteinander verknüpft sind. Wenn dieser Lernprozess aktiv und ergebnisorientiert gestaltet ist und unterschiedliche Zugänge zum Lernen ermöglicht, ist er besonders effektiv (Bahner/Montag Stiftung Jugend und Gesellschaft, 2017).

Aufbauend auf den Erkenntnissen der Montag Stiftungen ergänzt um weitere Literaturanalysen zur Lernraumforschung (Eigenbrod/Stang, 2014; Knoll, 1995; Sesink, 2014; Stang, 2014) können die folgenden Gestaltungsprinzipien für »Lernräume« zusammengefasst werden:

1. Kreieren einer affektiven Raumatmosphäre
2. Gestaltung offener Lernlandschaften mit Rückzugsorten in Form von mobilen »Raumzellen«
3. Bereitstellung einer multifunktionalen Raumausstattung
4. Unterstützung unterschiedlicher Lernformate durch funktionale Vielseitigkeit
   - Frontalunterricht
   - Gruppenarbeit
   - Einzelarbeit
   - Präsentation
5. Berücksichtigung einer ressourcenschonenden Architektur (z.B. durch Upcycling, vgl. Abbildung)
6. Berücksichtigung einer kostenbewussten Gebäudebewirtschaftung (z.B. durch energieeffiziente Smart-Home-Lösungen)
7. Nutzung flexibler Raumelemente zwecks einfacher Umgestaltung, die an den Bedürfnissen der Lehrenden und Lernenden ausgerichtet ist
8. Partizipative Co-Creation der Lernräume
9. Berücksichtigung und Nutzung der Außenbereiche

10. Herstellung optimaler Bedingungen in Bezug auf Beleuchtung (viel Tageslicht), Beschattung, Akustik, Luftqualität, Kühlung und Heizung
11. Unterstützung von Gesundheit, Sicherheit und ergonomischen Prinzipien

Upcycling mit Paletten als Trennwand und Co-Working Space (Quelle: Ahoy, Berlin)

Die oben genannten Kriterien lassen bereits konkrete Bezüge zwischen Architektur und Pädagogik im Schulbereich erkennen und sollen im Folgenden in den Kontext einer wirtschaftswissenschaftlich geprägten Büroraumgestaltung überführt werden.

Das Unternehmen Steelcase (2015) kommt in seinen Untersuchungen auf ähnliche Anforderungen wie die Montag Stiftungen. Ergänzend dazu könne man laut Steelcase einen Trend erkennen, der sich in Form einer weltweiten kulturellen Bewegung definiere und den Arbeitsplatz gänzlich neu erfinde. Dazu gehöre auch der Trend der »Maker-Szene«. Steelcase spricht in diesem Zusammenhang von einer »Renaissance des Selbermachens« und von Menschen, die »Gerätschaften, Räume und Ideen teilen«, um gemeinsam ihre Kreativität ausleben zu können. Der Bosch IoT-Campus in Berlin hat beispielsweise extra »Maker-Bereiche« für Prototyping mit 3D-Druckern oder auch eine Werkstatt mit umfangreichem Zubehör.

Steelcase verweist in diesem Zusammenhang auf einen Wandel von einseitiger, überwiegend wirtschaftlich geprägter Effizienz hin zu vielfältigeren Lösungen, die das seelische, körperliche und kognitive Wohlbefinden der Menschen fördern. Angesichts der globalen Suche nach Talenten und der wachsenden Notwendigkeit für mehr Mitarbeiterengagement nehmen informelle, authentische und inspirierende Räume an Bedeutung zu.

Meiner Meinung nach geht es darum, menschliche Bedürfnisse auch aus der Perspektive der Architektur bzw. des Designs zu erkennen und bewusst Lebensräume bzw. Arbeitsumgebungen zu kreieren, die menschlichen Bedürfnissen in hohem Maße entsprechen. Darüber hinaus werden Innovationsmethoden wie Design Thinking im beruflichen Umfeld immer wichtiger. Deshalb werden Arbeitsumgebungen benötigt, die das Selbermachen, das Innovieren, das Prototypen, das Scribbeln und vieles mehr ermöglichen. Die Formen, Farben, Materialien und natürlich auch die Strukturen im Raum erzeugen eine ganz bestimmte Arbeitsatmosphäre.

Gestaltung offener Kreativzonen (Quelle: Steelcase)

Formen, Farben und Struktur erzeugen Atmosphäre (Quelle: Steelcase)

Neben der kreativen Arbeit rückt auch der informelle Austausch immer mehr ins Zentrum einer modernen Arbeitswelt. Raum für Zusammenkünfte bilden ein wichtiges Element einer architektonischen Gesamtgestaltung von Lern- bzw. Arbeitslandschaften.

Co-Working Space (Quelle: Ahoy Berlin)

Grundlegend sind offene Räume für offene Gedanken. Mitarbeitende sollen sich kreativ und frei bewegen können. Für jede Art der Arbeitsanforderung soll eine entsprechende Arbeitsatmosphäre vorgefunden werden, die innovative Ideen zutage fördert. In diesem Sinne sind kollaborative Arbeitsmethoden an der Tagesordnung und die Räume gehen entsprechend auf diese neuen, designbasierten Lern- und Arbeitsformen ein.

Großzügige, lichtdurchflutete Räume sollen möglichst viele Mitarbeitende aus unterschiedlichen Abteilungen zusammenbringen, um neue Perspektiven auf neue Probleme zu bündeln und innovative Lösungen zu kreieren. Arbeitsplatzgestaltung wird mit der Art des Arbeitens bzw. den innovativen Arbeitsmethoden verbunden. Dabei entstehen kreative »Netzwerk-Oasen« und Raumgestaltungselemente, die in einem übergreifenden Zonenkonzept (vgl. Montag Stiftungen) Anwendung finden. Die Raumkomponenten kombinieren hierbei gezielt materielle, soziale und technologische Bestandteile.

Damit man sich das alles besser vorstellen kann, habe ich auf Pinterest vor einigen Jahren eine Sammlung mit 344 Bildern zum Thema moderner »Büroraumgestaltung/Lernräume« angelegt.

Pinterest-Sammlung mit 344 Beispielen für innovative (Lern-)Raumgestaltung

Zusammenfassend lassen sich folgende Anforderungen zu sieben Gestaltungsprinzipien für den Raum als dritten Pädagogen zusammenfassen:

1. Wir brauchen eine **inspirierende Atmosphäre:** Helle Farben, bequeme Sitzmöbel, Tageslicht und Blickbeziehungen ins Freie erhöhen die Lernbereitschaft und fördern das kreative Denken, während ausdruckslose Umgebungen zu Langeweile führen.
2. Wir brauchen **Freiraum für Flexibilität und Individualität:** Es sollte Lehrenden und Lernenden ermöglicht werden, Räume nach individuellen Bedürfnissen neu zu konfigurieren – Anforderungen können sich dabei von Lernsetting zu Lernsetting, aber auch innerhalb einer Abteilung verändern. Eine mobile Möblierung ist zur Realisierung vielfältiger Raumkonfigurationen unerlässlich. Klappen, Stapeln, Rollen ist hier die Devise.
3. Wir brauchen **unterschiedliche Zonen:** Teamarbeit und schöpferische Prozesse sind oft laut, während es für Deep-Work-Phasen der Ruhe bedarf. Raumlayout und Möbel müssen flexibel sein, sodass sie MitarbeiterInnen unterstützen, die für die unterschiedlichen Arbeitsphasen jeweils passende Areale vorfinden. Vor allem die Räume zum kreativen Zusammenarbeiten sollten von ruhigen Denk- und Arbeitsbereichen so weit wie möglich entfernt liegen.
4. **Keine Angst vor Unordnung:** Das Ausbreiten von Unterlagen hilft Teams, Ideen und Möglichkeiten »laut zu denken«. Wir brauchen große Arbeitsflächen, die den Teams viel Platz bieten, aber auch viel Stauraum z. B. für Arbeitsmittel und Arbeitsmodelle.
5. Wir brauchen viele **vertikale Präsentationsflächen:** Was an oder auf einem Tisch passiert, ist nur für die unmittelbar Beteiligten sichtbar. Mit mobilen oder fest montierten Whiteboards können Ideen, Collagen und erste Erfolge hingegen mit allen leicht geteilt werden. Whiteboards und Textmarker kann es eigentlich nie zu viele geben.

6. Wir brauchen **vielfältige Körperhaltungen:** Die Körperhaltung sowie Körperbewegungen unterstützen kreative Prozesse. Das Stehen in Gruppen kann zu mehr Interaktion und zu einer erhöhten Aufmerksamkeit führen, während Einzelarbeit und das Entstehen neuer Konzepte eher durch bequeme Sitzhaltungen oder das Herumlaufen gefördert werden.
7. Wir brauchen einen **digitalen Informationsaustausch:** Relevante Inhalte liegen zunehmend in digitaler Form vor. Es müssen entsprechend (intelligente) Technologien integriert werden, die die Kommunikation zwischen den eingesetzten Geräten ebenso erleichtern wie den Gedankenaustausch untereinander oder das selbstgesteuerte Lernen.

Das Thema der pädagogischen Architektur ist so unglaublich spannend, man könnte noch so viel mehr darüber schreiben. Wer nun richtig Lust bekommen hat, sich mit Raumtheorie intensiver zu beschäftigen, findet vertiefende Aspekte in meiner Dissertation im Kapitel »Lernräume«:

Raumtheoretische Grundlagen im E-Book

Bisher wurden »nur« die relevanten sieben Gestaltungsprinzipien für physische Räume herausgearbeitet. Wie sieht es aber mit hybriden, digitalen oder gar virtuellen Räumen aus? Sicherlich, man kann auch hier vieles übertragen. Grundsätzlich gilt auch für den virtuellen 3D-Raum, dass monotone, graue Seminar-, Konferenz- oder Klassenräume auch als virtuelle 3D-Lernwelt nicht sonderlich ansprechend oder gar lernförderlich wirken. Letztlich ist es immer vom jeweiligen Ziel und der Didaktik abhängig, wie die Räume genutzt und welche Mehrwerte dadurch erzeugt werden können. Egal ob physisch oder virtuell.

Der große Vorteil bei virtuellen 3D-Lernwelten ist allerdings, dass man seiner Kreativität freien Lauf lassen kann. Frei nach Pippi Langstrumpf lautet die Devise:

Ich baue meine Welt, wie sie mir gefällt.

Dank neuer XR-Plattformen ist es selbst für Endanwender mittlerweile relativ einfach möglich, eigene 3D-Lern- und Arbeitswelten zu nutzen, ganz ohne 3D-Expertise oder (Digital-)Agenturen. Dabei werden standardisierte 3D-Raum-Templates verwendet, die nach eigenen Bedarfen modifiziert werden können. Moderne Plattformen bieten zusätzlich dazu ein Content-Management-System (CMS), mit dessen Hilfe alle Inhalte verwaltet und aktualisiert werden können. Mittels Editoren können die 3D-Templates nach eigenen Wünschen oder auch an das Corporate Design angepasst werden.

Auf diese Weise wird es möglich, im virtuellen Raum zumindest nahezu überall dort zu lernen, wofür es bereits ein gutes Template gibt. Falls es kein Template gibt, können neue Lern- und Arbeitswelten modelliert und designt werden. Alles, was man sich vorstellen kann, ist auch möglich. Hierfür werden dann 3D-Artists und weitere ExpertInnen benötigt, die die jeweiligen Anforderungen virtuell umsetzen können. Aber auch dies ist heutzutage nahezu schon »Standard«.

Virtuelle 3D-Lern- und -Arbeitswelten bieten unendliche Möglichkeiten

Virtuelle Lernräume bieten weit mehr Anwendungsszenarien als der physische Raum. Wir können in realitätsnahen Umgebungen wie z. B. in einem 1 : 1 virtualisierten Bürogebäude oder in einer nachmodellierten Produktionshalle lernen bzw. arbeiten. Man kann in den Bergen, am See oder auch am Strand lernen. Aber auch magische Orte wie die Hogwartsschule für Zauberei oder Ecopunk-designte Science-Fiction-Welten könnten zukünftig zu ganz normalen Lernumgebungen werden. Es ist alles möglich. Und es ist stellenweise schon verfügbar. Mehr dazu im nächsten Abschnitt.

2.2.5 Smart Learning im Metaverse

Das Lernen in 3D- bzw. VR-Lern- und Arbeitswelten wird fälschlicherweise oft mit dem Konzept »Metaverse« gleichgesetzt bzw. verwechselt. Aber das Lernen in einer VR-Anwendung oder einem 3D-Klassenraum am Desktop ist zum einen nicht das Metaverse und zum anderen erst recht nicht Smart Learning. Aber es gibt durchaus einige Parallelen.

Letztlich stehen wir heute technologisch betrachtet an der Schwelle zu phänomenalen Umbrüchen in unserer Gesellschaft, die Auswirkungen auf die Wirtschaft und natürlich auch auf das Bildungssystem haben werden. Ähnliche Innovationen mit disruptivem Potenzial haben wir Ende 2022 mit der neuen Version von ChatGPT kennengelernt. Solche Umbrüche wird es voraussichtlich in immer kürzeren Zyklen geben und wir werden kontinuierlich damit konfrontiert sein, dass zuvor Undenkbares plötzlich Realität werden könnte.

Science fiction is becoming science fact.

Deshalb ist es enorm wichtig, dass wir uns viel stärker mit wünschenswerten (oder nicht wünschenswerten) Zukünften beschäftigen. Dies wird meiner Meinung nach in Zukunft eine der wichtigsten Kompetenzen überhaupt werden. Futures Literacy ist die Fähigkeit der Menschen, ihre (aktive) Rolle hinsichtlich der Gestaltung der Zukunft zu erkennen und zu verstehen. Somit bezeichnet »Zukunft« unsere heutigen Bilder von verschiedenen Zukünften. Diese können wir als Zielbilder formulieren und so die Zukunft – heute schon – mitgestalten.

Dies ist insbesondere im Kontext Metaverse wichtig, damit wir unerwünschten Entwicklungen entgegenwirken können. Wir brauchen dringend gesamtgesellschaftliche Diskurse, um neue Technologien wertschöpfend und menschenzentriert einzusetzen.

Imagining the future may be more important than analyzing the past.

Wer an dieser Stelle direkt einen Deep Dive zu den »Metaverse-Basics« samt Hype im Jahr 2022, den Begrifflichkeiten, Merkmalen, Ausprägungen und Definitionen machen möchte, kann hier die theoretischen Grundlagen nachlesen:

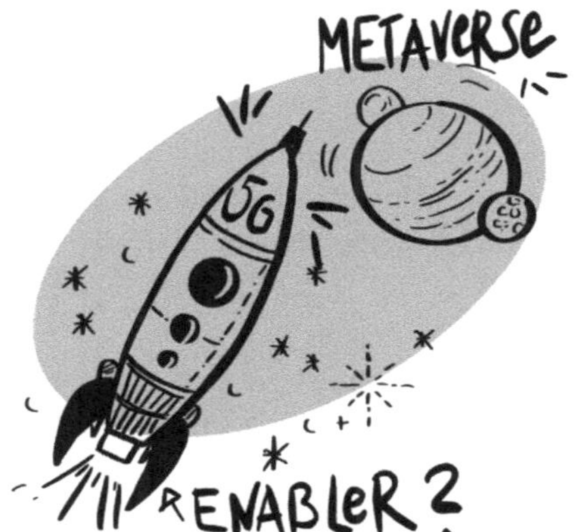

Metaverse Basics #Hype #Definitionen #Chancen #Risiken #Ausblick

Im Folgenden soll es um konkrete Beispiele und um Bildungsinnovationen gehen, bei denen sich Smart-Learning-Szenarien bis ins Metaverse hinein erstrecken.

2.2.5.1 Potenziale und Beispiele

Meiner Meinung nach bietet Smart Learning im Metaverse ungeahnte Möglichkeiten für das Lernen. Lernen kann komplett neu inszeniert werden. Dazu bedarf es eines Wandels von passiver Wissensvermittlung hin zu aktivierenden Learning Experiences. Solche Lernerfahrungen können sich nahtlos von physischen Orten bis hinein ins Metaverse erstrecken, indem die physischen Orte Zugänge zu virtuellen Lernwelten ermöglichen. Eindrucksvolle Lernerfahrungen können in Zwischenwelten, also zwischen realer Welt und dem Metaverse kreiert werden. Physische und digitale Welten verschmelzen ohne die bekannten Medienbrüche. Einen Überblick über die Potenziale von Lernen im Metaverse gibt auch folgender Podcast. Im März 2022 waren Torsten Fell und ich zu Gast im Education Newscast (die komplette Podcast-Reihe kann ich sehr empfehlen).

SAP Education Newscast: Gastgeber Thomas Jenewein und Christoph Haffner – Lernen im Metaverse mit Sirkka Freigang und Torsten Fell

Das Metaverse eignet sich aber nicht für alle Lernformen und Lernziele, deshalb anbei eine Empfehlung der Formate, die meiner Meinung nach für das Metaverse in einer 3D-Lern- und -Arbeitswelt besonders geeignet sind:

1. Content Curation (als 3D-Ausstellung, u. a. mit E-Portfolio, Vernissage, E-Learning etc.)
2. Live-Online-Trainings (als 3D-Workshops oder Teammeetings etc.)
3. Mentoring & Coaching (als 3D-Einzel- und/oder Gruppen-Coaching)
4. Workplace Learning (XR-Learning am virtuellen Arbeitsplatz)
5. Serious Games (z. B. als XR-Escape-Games)

Im Folgenden werden die o. a. Formate mit einzelnen Beispielen angereichert, um die vielfältigen Möglichkeiten aufzuzeigen, wie Smart Learning im Metaverse konkret aussehen kann.

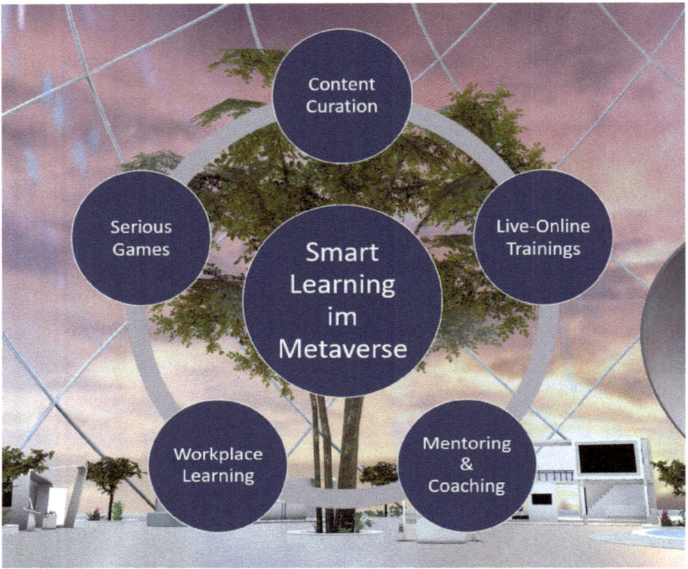

Smart-Learning-Formate im Metaverse

Ausstellungen als immersive Erfahrungs- und Lernwelt

In der Verbindung zwischen Kunst, Technologie und Lernen eröffnet sich ein gigantisches Potenzial, Lernen eindrücklicher und immersiver zu gestalten. Die Inhalte bleiben nachhaltig in Erinnerung, da die Eindrücke in Form, Farbe und musikalischer Begleitung mit allen Sinnen aufgenommen, verarbeitet und gespeichert werden können. Ein wunderbares Beispiel ist die Da Vinci Experience, eine Ausstellung im physischen Raum, die interaktives Erleben neu interpretiert.

Da Vinci Experience

Kunst, Kultur und Lerninhalte können multimedial kombiniert und interaktiv von den Lernenden selbst gesteuert werden. Exploratives Erkunden statt passiven Konsumierens. Außerdem lassen sich physische Ausstellungen 1 : 1 als realitätsgetreue Nachbildungen im virtuellen Raum begehen. Aber auch Fantasiewelten sind möglich, virtuell auf jeden Fall. Entweder in Form einer Ausstellung oder auch als kollaborativer Lern-Space, in dem man zusammen mit anderen lernen, reflektieren und sich austauschen kann. XR-Technologien ermöglichen ein komplettes Eintauchen in real-virtuelle oder gar fantastische Lern- und Arbeitswelten.

3D-Raum: Virtuelle Ausstellung »Spatial Affairs« im ZKM (zur optimalen Ansicht den Link an Laptop bzw. Desktop-PC senden)

Kollaborative Lernwelten mit Live-Konferenzen

Eine Ausstellung kann auch Teil eines größeren Arrangements sein. Das folgende Beispiel demonstriert eine kollaborative Lernwelt mit Live-Konferenzen in Echtzeit.

Kollaborative Lernwelt mit Live-Konferenzen im Metaverse

Wir können in einem Metaverse des Lernens zwischen der physischen und virtuellen Welten fließend navigieren und komplett neue Lernerfahrungen designen.

Realitätsgetreue Nachbildungen von Büros, Akademien, Produktionshallen, Laboren oder Showrooms

Auf der Basis von XR-Technologien können reale, physische Orte durch digitale Abbilder in den virtuellen Raum erweitert werden, um beispielsweise ein Onboarding von verteilten Teams an einem gemeinsamen Ort zu gestalten. Die virtuelle Zusammenarbeit kann völlig neu konzipiert werden. Das Metaverse des Lernens bietet im Kontext von Mitarbeiterengagement und Employee Experience gänzlich neue Möglichkeiten.

360-Grad-Scan: Virtuell begehbare Bürolandschaft als 360-Grad-Scan mit integrierten 2D- oder 3D-Inhalten (zur optimalen Ansicht den Link an Desktop-PC oder Laptop senden)

E-Learning am virtuellen Arbeitsplatz

Realistisch nachmodellierte Lern- und Arbeitswelten können nach Belieben editiert und v. a. auch mit E-Learning-Inhalten befüllt werden. Klassische E-Learning-Formate erhalten im Metaverse eine räumlich-visuelle Komponente, die sich besser ins Gedächtnis einprägt. Zudem werden die Inhalte direkt an den (virtuellen) Arbeitsplatz gekoppelt, was für effektives Lernen bzw. den Lerntransfer enorm wichtig ist (vgl. Kapitel 2.2).

Lernen am virtuellen Arbeitsplatz

Produktschulungen

Produktschulungen können in virtuellen Arbeitsumgebungen und gleichzeitig via Mixed Reality im heimischen Wohnzimmer stattfinden.

Produktschulungen in virtuellen 3D-Lern- und -Arbeitswelten

Gleiches gilt für sehr komplexe Produktschulungen für beispielsweise Mitarbeitende im Sales-Bereich. Auch erklärungsbedürftige Produkte können in virtuellen Showrooms sehr detailreich präsentiert werden. Ein weiterer Vorteil ist, dass die umfangreichen Apparate, Produkte, Produktionsanlagen oder Maschinen nicht nur für Mitarbeitende, sondern auch für Zwischenhändler, Lieferanten und Endkunden zugänglich gemacht werden können. Ein typischer Vorteil digitaler Lösungen ist die Skalierbarkeit. Viele unterschiedliche Stakeholder können hier durch eine Lösung im Metaverse profitieren. Mittels »Explosionsansicht« lassen sich im 3D-Modell filigrane Einzelteile nicht nur deutlich erkennen und erlernen, sondern auch direkt beim Händler bestellen.

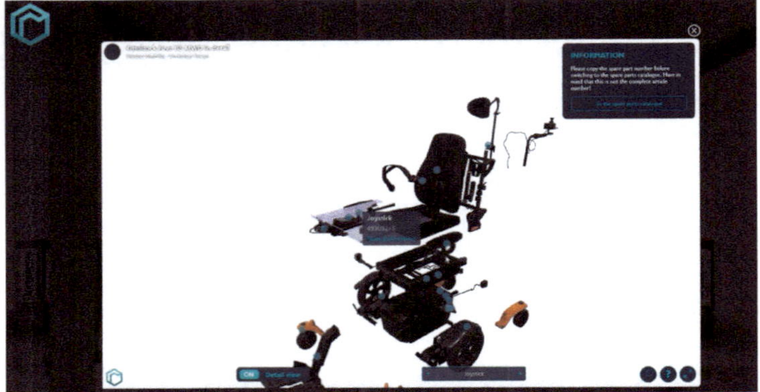

Komplexe Produktschulungen in Showrooms mit Explosionsansicht und Anbindung zu Shop-Systemen

Mentoring und Coaching

In klassischen Videokonferenzen gibt es keinen Raum, in dem man sich aktiv bewegen kann. Aber gerade diese Möglichkeit kann beim Mentoring und Coaching sehr hilfreich sein. Zum Beispiel, wenn man Schritt für Schritt »positive Affirmationen« abläuft oder eben auch bei der Aufstellungsarbeit. Durch die 3D-Anwendung hat man das Gefühl, sich wirklich mit dem Mentor bzw. der Mentorin im selben Raum zu befinden. Zudem können diese Räume an das Thema angepasst werden. Jeder Space kann dabei alles sein, zum Beispiel eine mittelalterliche Burg, ein Strandszenario, eine Weltraumstation, ein Wald, ein Gerichtssaal etc. Die räumliche Immersion, z. B. durch das gemeinsame Sitzen am knisternden Lagerfeuer, führt dazu, dass MentorIn und Mentee eine engere Beziehung aufbauen können, was sich wiederum positiv auf den Erfolg des Coachings auswirken kann.

3D-Lernwelt: Coaching und Mentoring auf einer Waldlichtung am Lagerfeuer (zur optimalen Ansicht den Link an Desktop-PC oder Laptop senden)

Kokreatives Lernen auf Smart Learning Island
Smart Learning Island ist ein weiteres Beispiel, wie innovative Lernszenarien im Metaverse aussehen können. Smart Learning Island ist kein Showroom, sondern eine Lernumgebung für freies Explorieren und gemeinsames Lernen. Es ist eine immersive Lernumgebung, die das Ausbilden und Erleben von Future Skills wie Leadership, Kreativität, Innovationsfähigkeit, Kommunikation oder virtuelle Zusammenarbeit fördert.

Die Insel ist für bis zu zwölf Teilnehmende ausgerichtet. Sobald die TeilnehmerInnen den Space betreten, hört man einen Wasserfall, Vogelgezwitscher oder auch das Knistern des Lagerfeuers – man kann die Hintergrundgeräusche aber auch deaktivieren. Smart Learning Island bietet vielfältige und interaktive Möglichkeiten für kokreatives Lernen und Arbeiten. Von der Vorstellungsrunde über Gruppenarbeiten, Deep-Work-Phasen und Live-Präsentationen bis hin zur Feedbackrunde oder das »Abschalten und Erholen« in der 15-Minuten-Pause am Meer, es ist einfach alles möglich und in einem bearbeitbaren Template hinterlegt.

Lernen muss nicht immer in grauen Konferenzräumen stattfinden. Weder offline noch online. Virtuell kann man seiner pädagogischen Kreativität freien Lauf lassen. Man kann Wohlfühlorte des Lernens erschaffen. Das Praktische an virtuellen 3D-Spaces ist, dass sie skalierbar für unterschiedliche Lernszenarien eingesetzt werden können.

Im Editor (zugänglich über Registrierung für TrainerInnen, BeraterInnen, HR-/PE-Verantwortliche) befüllt man das Template nach eigenen Wünschen. Zudem sind auf der Insel bereits vorgefertigte Lernmethoden als typische Workshop-Einheiten integriert. Sie können nach eigenen Bedarfen modifiziert und erweitert werden. Die Anpassung erfolgt innerhalb weniger Minuten, da man eben keinen »leeren« Raum vor sich hat, sondern Best-Practice-Templates, die bearbeitet, kopiert und je nach Zielgruppe neu arrangiert werden können. Die Einbindung von multimedialen Inhalten (Bilder, Videos, PDFs oder interaktive Elemente) funktioniert über das Backend und wird über das integrierte Content-Management-System (CMS) verwaltet.

3D-Lernwelt: Smart Learning Island als kollaborative 3D-Lernlandschaft (zur optimalen Ansicht den Link an Desktop-PC oder Laptop senden)

Sobald man den Link zum Space anklickt, öffnet sich ein neuer Tab im Browser und der Space wird im Hintergrund geladen. Wie immer gilt: Je mehr Performance zur Verfügung steht, desto schneller wird der 3D-Raum geladen. Deshalb empfehle ich, alle anderen Tabs oder auch parallele Anwendungen zu schließen.

Auf Smart Learning Island durchläuft man dann eine vordefinierte Learning Journey und findet Workshop-Elemente mit sofort einsatzbereiten Vorlagen:

1. Check-in Templates
2. Motivierende Methoden zur Vorstellungsrunde
3. Leere Boards für Content Creation
4. Screen Sharing Spots für Live-Impulse
5. Inspirierende Bereiche für strukturierte Gruppenarbeiten (Canvas-Templates)
6. Aktivierende Pausengestaltung zur Teamentwicklung durch Escape-Game-Portale
7. Offene Bereiche für innovative Kreativzonen (Free-Post-it-Sessions)
8. Lounge-Ecken als Reflexions- und Rückzugsorte (z. B. am Lagerfeuer)
9. Strukturierte Feedback-Area (Miro-Templates)
10. Check-out Templates

Smart Learning Island funktioniert besonders gut, wenn es in ein Flipped-Classroom-Konzept eingebunden ist. Das bedeutet, dass die Wissensvermittlung ausgelagert wird. Die Lernenden erhalten im Vorfeld eine kuratierte Sammlung an Inhalten, die sie selbstständig oder in Gruppen erarbeiten. Wie bereits in Kapitel 2.2 dargelegt, ist es aus lerntheoretischer Perspektive sehr wichtig, wie Smart Learning Island genutzt wird und dass das gemeinsame Lernen im Zentrum steht und nicht die frontale Wissensvermittlung. Es soll genug Raum für Reflexion und kollaboratives Lernen geben. Leitfragen beziehen sich auf den Transfer der Lerninhalte und auf die Integration in den beruflichen Alltag. Zudem geht es auch um den Aufbau von digitalen Kompetenzen, Selbstorganisation und Lernfähigkeit (im Vorfeld), Kommunikationsfähigkeit und das virtuelle Zusammenarbeiten (Live-Online).

Bei einem Kundenprojekt haben wir beispielsweise zur Stärkung der Teamfähigkeit »Portale« auf Smart Learning Island platziert. Damit ist es möglich, von der Insel mit einem Klick in andere Spaces zu hüpfen. Im besagten Fall handelte es sich um ein weihnachtliches Escape Game mit Santa Claus, da der Workshop zur Weihnachtszeit stattgefunden hatte:

3D-Lernwelt: Christmas Escape-Game im Metaverse (zur optimalen Ansicht den Link an Desktop-PC oder Laptop senden)

Portale als verbindendes Element zwischen den Welten

Wie kann man sich im Metaverse von einem Ort zum nächsten bewegen? Am besten über virtuelle Portale. Diese gleichen den Hyperlinks im Internet. Sie können aussehen wie Fenster oder Türen, durch die man hindurchsehen und -gehen kann, oder sie nehmen die Form von Spiegeln, Säulen oder Ähnlichem an. Wichtig ist, dass die Portale vom User eindeutig als »Portal« erkannt werden können.

Im Beispiel unten sind die Spiegel zu Portalen umfunktioniert. Klickt man das virtuelle Portal, also den Spiegel, an, gelangt man in eine andere virtuelle 3D-Welt. Auf diese Weise kann man ausschließlich in der virtuellen Welt durch das Metaverse navigieren. Aber es gibt auch reale, physische Portale, durch die man eine virtuelle Welt betreten kann bzw. durch die sich beide Welten verbinden lassen.

Portale verbinden physische und virtuelle Welten fließend und dienen als Sprungbrett ins Metaverse

Wie das Ganze funktioniert, wird im augmentierten Video gezeigt. Wenn man die physischen Portale so platziert, dass sie von allen gesehen werden, z. B. in Eingangsbereichen, einer Aula, vor der Mensa etc., dann werden sie von Mitarbeitenden/BesucherInnen/KundInnen auch genutzt. Mit einem solchen Portal kann man jeglichen physischen Ort, z. B. eine Akademie, direkt mit dem Metaverse bzw. mit dessen digitalem Abbild verbinden und so eine intrinsisch motivierte Neugier auf die zu entdeckenden 3D-Welten erzeugen. Sofern ein solches Portal in einen »Playground« eingebunden ist, kann man Wissensvermittlung, exploratives Erkunden neuer Technologien und den Austausch untereinander sinnvoll kombinieren, sodass eine nachhaltige Innovationskultur im Unternehmen (sichtbar) etabliert wird.

Smart Learning Playground

Ein Smart Learning Playground ist eine physische Ausstellungsfläche, die als explorative Erlebnisfläche konzipiert und gestaltet wird. Der Playground kann sich auf einer Messe, in einer Akademie, in einem Bürokomplex oder einer Produktionshalle befinden. Ziel ist es, dass Mitarbeitende oder BesucherInnen explorativ die Ausstellung erkunden können. Inhalte der Ausstellung können sich auf firmeneigene Produkte beziehen, Unternehmenswerte darstellen oder auch allgemeine Themen wie Digitalisierung, Corporate Social Responsibility, Nachhaltigkeit oder das Lernen und Arbeiten der Zukunft behandeln.

Alle Details zum Smart Learning Playground gibt es in Abschnitt 3.1.3.3. Deshalb möchte ich im letzten »Metaverse-Beispiel« zeigen, wie ich das Konzept des Playgrounds mit dem AR-Portal nutze, um physische Arbeitsbereiche mit virtuellen Lernwelten im Metaverse nahtlos zu verknüpfen. Im vorliegenden Beispiel handelt es sich um eine physische Akademie. Ziel ist es, diese mit dem unternehmenseigenen Metaverse zu verbinden.

Ein Playground ins Techem-Intraverse und zurück

In einem Kundenprojekt wurde für eine Organisation aus dem Energiesektor das Thema Nachhaltigkeit und Energieeffizienz als übergeordnetes Ziel des Unternehmens für Mitarbeitende (und KundInnen) des Unternehmens neu interpretiert.

- Als Ziel für Externe (KundInnen u. a.) wurde formuliert: Die Produkte immersiv erleben zu können und nachhaltige »Wow-Momente« zu erzeugen.
- Als Ziel für Interne (Mitarbeitende u. a.) wurde formuliert: Die Produkte immersiv erlernen und die unterschiedlichen Customer Journeys detailliert und Schritt für Schritt nachvollziehen und verstehen zu können.

Um diese Ziele zu erreichen, wurde auf der Basis des Konzepts von Smart Learning ein hybrider Playground im Unternehmensgebäude konzipiert.

1. Die physische Komponente umfasst eine Ausstellungsfläche, die eine (digital und virtuell angereicherte) Präsentation zu Produkten, Services und Werten des Unternehmens, u.a. mit einem AR-Portal beinhaltet.
2. Die virtuelle Komponente umfasst einzelne Elemente aus dem unternehmenseigenen Intranet bis hin zur Integration des aktuellen Learning-Management-Systems (LMS) im Metaverse. Im Intraverse gibt es viele unterschiedliche Spaces, die verschiedene Formen des Lernens und Arbeitens kombinieren.

In Ergänzung dazu ist die physische Ausstellung so gestaltet, dass wichtige Informationen sowie die Customer Journey als Infografik und die Produkte zusätzlich als interaktive 3D-Hologramme abgerufen werden können. Feedback und Fragen können mittels digitaler Umfragen (z.B. Mentimeter) erhoben werden. Selbst im physischen Arbeitsumfeld ist das symbolische Betreten des Metaverse per AR-Portal möglich und motiviert die Mitarbeitenden (oder andere Zielgruppen), am PC bzw. Laptop weitere Details zu erkunden.

Außerdem wurden die Unternehmenswerte als AR-Experience umgesetzt. Hierfür wurde ein typisches Symbol für Nachhaltigkeit mit Werten, Visionen und Inhalten des Unternehmens kombiniert.

Der Techem-»Kultur-Baum« als verbindendes Element zwischen realer und virtueller Lern- und Arbeitswelt

Als Ergebnis ist der »Kultur-Baum« entstanden. Dieser symbolisiert Ziele, Werte und Visionen des Unternehmens und ist das zentrale Schlüsselelement der kompletten Smart Learning und Customer Journey.

Der Baum kann überall im physischen Umfeld augmentiert werden und dient im internen Metaverse des Lernens (Intraverse) als wichtiger Orientierungspunkt. Der Baum steht im Foyer des futuristisch anmutenden, virtuellen Akademiegebäudes und wirkt als Symbol der Nachhaltigkeit in allen Formen des Lernens und Arbeitens.

Wichtig ist, dass der »Kultur-Baum« lebendig ist. Er ist nicht starr. Er verändert sich kontinuierlich. Und zwar auf der Basis der Erfahrungen von Mitarbeitenden, mit denen der Baum (als Video-Story oder Kudos-Karte) geschmückt werden kann. Das heißt, dass sich der Baum kontinuierlich verändert und die komplette Learning Journey der Mitarbeitenden begleitet, indem er regelmäßig mit neuen Erfahrungsberichten (User Stories) der Mitarbeitenden weiterwächst. Hierzu werden Statements, Empfehlungen und Erfahrungen als Video-Journals/Interviews/Karten o. Ä. erstellt und mit dem Baum über einen iFrame verbunden. Die Inhalte können dann von allen Mitarbeitenden im Intraverse abgerufen werden, sind also nicht im öffentlichen Metaverse verfügbar.

Der »Kultur-Baum« findet sich in einer Basisversion, also ohne User Stories, im physischen, öffentlichen Playground wieder, ist also als eines von mehreren AR-Erlebnissen in der Ausstellung für Mitarbeitende und KundInnen zugänglich. Interne Geschichten von Mitarbeitenden werden aber nur im internen Metaverse, also dem Intraverse geteilt. Deshalb ist dies ein optimaler Anreiz dafür, auch am PC bzw. Laptop ins Intraverse zu hüpfen und sich zum Beispiel mal eben die Geschichte von »Matthias Z« anzuhören.

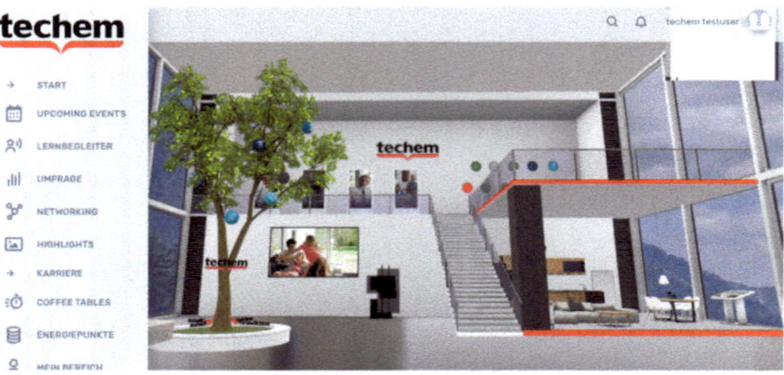

Das Foyer als zentraler Einstieg ins interne Metaverse (Intraverse) bei Techem

Der »Kultur-Baum« ist im vorliegenden Beispiel das zentrale Merkmal im unternehmenseigenen Intraverse. Das bedeutet, dass die Mitarbeitenden über den Baum einen visuellen Anker in der virtuellen Lernwelt wie auch im realen Büro wiederfinden. Der Baum fungiert nahezu als Lernbegleiter, da er physisch, digital und virtuell erlebbar ist. Denn auch die digitale Kommunikation via E-Mail, interne Newsletter oder auch

Intranet-Beiträge ist wichtig, damit alle Mitarbeitenden den »Kultur-Baum« kennen, live in AR erleben und aktiv gestalten können.

2.2.5.2 Zusammenfassung

Das Metaverse macht es möglich, in das Internet »hineinzulaufen« und immersive Lernerfahrungen zu machen. Gleichzeitig können jegliche Lernartefakte aus dem Internet in das physische Umfeld mitgenommen bzw. mittels AR-Technologie im eigenen Umfeld augmentiert werden. Egal, um welche Artefakte es sich handelt: Planeten, Moleküle, Insekten, Organe, Maschinen, Motoren, Bauwerke, Kunstobjekte oder WissensträgerInnen unserer Gesellschaft. Theoretisch wäre es möglich, sich die Radiologie von Marie Curie oder die Relativitätstheorie von Albert Einstein erklären zu lassen. Bereits verstorbene Personen zum Leben zu erwecken ist technisch anspruchsvoll, aber möglich. Zukünftig wird dies keine Herausforderung mehr darstellen. Die Avatare können animiert und mit Ton angereichert werden. Mit Volumetric Capturing Studios ist es sogar heute schon möglich, 4D-Aufnahmen zu erzeugen. Das bedeutet, dass nicht nur statische 3D-Objekte gescannt (und nachträglich animiert) werden, sondern dass Bewegungen sofort als dreidimensionales Video aufgenommen und in 3D-Welten eingebaut werden können.

Im Metaverse ist es möglich, skalierbare Lernlandschaften zu gestalten, die effektive Learning Journeys im physischen wie auch virtuellen Raum (und dazwischen) ermöglichen. Ich bin davon überzeugt, dass wir in wenigen Jahren eine riesige Anzahl an hybriden 3D-Lernlandschaften haben werden. Dieser Fundus an vorhandenen »Raum-Templates« wird ein skalierbares Smart Learning im Metaverse ermöglichen. Damit können Lernwirksamkeit und User Experience auf ein völlig neues Level gehoben werden.

Meiner Meinung nach liegen aber nicht nur Potenziale, sondern auch Risiken im Metaverse des Lernens. Deshalb ist es wichtig, sich im Zuge von Futures Literacy (vgl. den QR-Code bei der Abbildung »Metaverse Basics #Hype #Definitionen #Chancen #Risiken #Ausblick« im Kapitel 2.2.6) mit Regeln und Leitprinzipien auseinanderzusetzen, bevor monopolartige Strukturen mit Diensten und Services entstehen, die unserer Gesellschaft eher schaden und sie vor neue Herausforderungen stellen, als wichtige Probleme zu lösen. Zusammenfassend kann man Smart Learning im Metaverse wie folgt beschreiben:

> **Blurring Worlds**
> physical^{2}digital and digital^{2}physical
> The Metaverse is the internet, but you can go into it (3D/VR) or it can come out to you (AR). As with any new technology we invent, there will be unintended consequences which require us to stop and think, what is the future we all want to see?
>
> Smithson (2022)

2.2.6 Didaktische Empfehlungen

In den letzten Kapiteln ging es um die Frage, was gutes Lernen auszeichnet. Die Antwort darauf ist vielschichtig, komplex und stellenweise schwer greifbar, da einfach viele Dinge gleichzeitig berücksichtigt werden müssen.

Aber es gibt didaktische Prinzipien, auf deren Grundlage sich ein optimales Lernumfeld gestalten lässt. Letztlich kommt es immer darauf an, ein stimmiges, didaktisches Gesamtkonzept aufzubauen – egal für welches Lernmedium, ob analog, digital, hybrid oder virtuell. Auch im Metaverse gelten didaktische Prinzipien aus der Lehr- und Lerntheorie. Insofern wäre meiner Meinung nach die ausschließliche Präsentation von PowerPoint-Folien in einem 3D-Space kein ausreichendes Setting für erfolgreiches Lernen – das würde für mich aber auch in einem Präsenz-Format gelten. Deshalb habe ich im Folgenden sieben didaktische Empfehlungen zur Gestaltung von Smart Learning Environments zusammengefasst, die als Prinzipien fungieren und sich aus den wissenschaftlichen Erkenntnissen ableiten lassen.

2.2.6.1 Zielorientiert vorgehen

Bei der didaktischen Inszenierung kommt es auf die stimmige Verzahnung unterschiedlicher Lerneinheiten im Rahmen einer ganzheitlichen Learning Journey an. Vor allem sollte möglichst aktiv und wenig passiv gelernt werden. Dabei sollten die einzelnen didaktischen Elemente sinnvoll ineinandergreifen. Je nach Zielgruppe und Zielstellung eignen sich dann unterschiedliche Lernszenarien. Diese können stellenweise auch im Metaverse stattfinden, müssen es aber nicht. Vorträge oder »Expert Lectures« wird es immer geben, die Frage ist nur, wie der Vortrag insgesamt eingebunden ist (synchron, asynchron als Flipped-Classroom-Modell) und v. a. welches Lehr-/Lernziel zugrunde liegt.

Folgende Leitfragen sollte man sich zu Beginn immer stellen, um herauszufinden, welches didaktische Arrangement sinnvoll ist (und welches nicht):

1. Was soll gelernt werden?
   a) Welche Lehr-/Lernziele gibt es? Geht es vorrangig um Wissensvermittlung oder das Ausbilden von Fähigkeiten, Methoden und Kompetenzen?
   b) Welche Inhalte sollen vermittelt werden?
   c) Welche Medien wären didaktisch sinnvoll?
2. Wie soll gelernt werden?
   a) Wie sind selbstorganisiertes und kollaboratives Lernen verbunden?
   b) Wie könnte didaktische Vielfalt erreicht werden?
   c) Welche Technologien wären didaktisch sinnvoll?

3. Wer sind die Lernenden?
   a) Welche konkreten Bedarfe gibt es?
   b) Woran kann man anknüpfen?
   c) Wie kann ein Transfer auf die berufliche Tätigkeit erreicht werden?
   d) Welche »Wissensniveaus« gibt es?
4. Wo soll gelernt werden?
   a) On Demand am Arbeitsplatz?
   b) In einem Online-Workshop?
   c) In einem Präsenzseminar?
   d) Im Metaverse?
   e) Überall?

Menschen können dann gut lernen, wenn sie sich wohlfühlen.

- Wie könnten also Wohlfühlorte des Lernens konkret aussehen?
- Wie können wir reale, hybride und virtuelle Inhalte geschickt kombinieren?
- Wie können wir auch klassische Vorträge mit aktiven Einheiten anreichern, um aus einer eher passiven Haltung in einen aktiven Austausch zu kommen?
- Wie können wir heute und in Zukunft kreativer lernen und zusammenarbeiten?

Bei der Gestaltung hybrider Learning Journeys geht es genau darum: für die o. g. Fragen passende Lernangebote zu gestalten.

2.2.6.2 Learn like a PIRATE

Ähnliche Fragen hat sich auch Paul Solarz gestellt und ein Buch mit dem Titel »Learn like a PIRATE« (2015) verfasst. PIRATE ist ein Akronym und steht für

- **P**eer Collaboration,
- **I**mprovement Focus,
- **R**esponsibility,
- **A**ctive Learning,
- **T**wenty-First-Century-Skills und
- **E**mpowerment.

Im Jahr 2017 habe ich von Andy Chelchowski passend zu diesem Buch eine Sketchnote auf Twitter gefunden, die mich seither in meinem Leben mit folgender Mission begleitet:

Create experiences, not lessons.

Diese eine Sketchnote beinhaltet alles, was man zum Thema Didaktik wissen und berücksichtigen sollte. Seitdem ich diese Sketchnote kenne, versuche ich, Lernarrangements immer in Anlehnung an diese Sketchnote bzw. das Akronym PIRATE zu gestalten, da sie eine wunderbare Zusammenfassung der wissenschaftlichen Erkenntnisse (vgl. Kapitel 2.2 ff.) liefert.

Neben dem Akronym gibt es noch ein weiteres Plädoyer. »Let the Students take the Wheel« (Lasst die Lernenden ans Steuer). Da steckt eigentlich alles drin, was uns die Lehr- und Lerntheorie bzw. auch die Befunde der Erwachsenenbildung sagen. Und das alles in einem Bild vereint. Präzise formuliert. Eingängig arrangiert, sodass man sich die Inhalte gut merken kann. Insofern teile ich gern diese Sketchnote, eines meiner wichtigsten Fundstücke, die mein Leben und auch meine Arbeit geprägt haben.

Sketchnote: Learn like a PIRATE – Empower Your Students to Collaborate, Lead, and Succeed
(Quelle: Andy Chelchowski – @AChelchowski)

Geprägt hat mich die Sketchnote auch deswegen, weil ich in Anlehnung daran die Smart Learning Pirates gegründet habe. Das ist eine Community, die es sich zum Ziel gesetzt hat, gemeinsam zu lernen, zu wachsen und Kompetenzen im Bereich Smart Learning aufzubauen. Details dazu folgen in Kapitel 3.1.3.1.

2.2.6.3 Lernwirksamkeit erhöhen

Wissenschaftliche Befunde bestätigen die Wirksamkeit von konkreten Lernerfahrungen, die z. B. über Spiele, Reflexion oder auch interaktive Gruppenübungen gefördert werden können. Prinzipiell gilt, je aktiver und vielfältiger das didaktische Setting, je abwechslungsreicher die Umgebung, desto besser können die Inhalte im Gedächtnis verankert und gespeichert werden.

Darüber hinaus gibt es neueste Studien, die sich explizit mit XR-Technologien befassen und die Lernwirksamkeit von dreidimensionalen und interaktiven Lernmedien untersuchen. Nach Probst, Wendt, Lukas und Huwer (2021) führt zum Beispiel der Einsatz des Merge Cubes zu besseren Lernergebnissen. Insbesondere in naturwissenschaftlichen Disziplinen haben dreidimensionale Lernmedien erhebliche Vorteile in Bezug auf die Lernleistung.

Eine weitere empirische Studie liefert Sun Joo (Grace) Ahn. Sie ist eine herausragende Forscherin im XR-Umfeld, die bereits im Jahr 2019 den Nachweis erbracht hat, dass VR-Trainings einen positiven Effekt auf die Lernwirksamkeit haben. Nicht, wenn es um das Rezipieren von Inhalten, wohl aber, wenn es um eine nachhaltige Verhaltensänderung geht. Neuere Untersuchungen aus dem Jahr 2022 bestätigen die positiven Effekte von VR im Kontext des Lernens (Ahn et al., 2022).

Wichtig an dieser Stelle ist also immer das übergeordnete Lernziel. Falls es das Ziel ist, viele Fachbegriffe auf einmal auswendig zu lernen und wiedergeben zu können, dann wäre eine andere didaktische Konzeption passender, also vielleicht ein Erklärvideo, ein Text oder das Erstellen einer Infografik. Wenn es aber um den Zuwachs an Verhaltensoptionen, also um die Entwicklung von Fähigkeiten und Kompetenzen geht, ist VR ein wirksameres didaktisches Setting.

2.2.6.4 Hybride Lerninhalte von Lernenden gestalten lassen

Innerhalb des didaktischen Settings würde ich gern noch einen Schritt weiter gehen als bei den oben genannten Studien: also nicht nur vorhandene 3D-Objekte oder VR-Simulationen abrufen, sondern gezielt eigene Objekte, Welten oder auch Smart Learning Environments von SchülerInnen/Lernenden selbst gestalten zu lassen – sofern möglich und sinnvoll natürlich. In diesem Kontext spricht man dann auch vom »Prosumer«, eine Mischung aus Konsument und Produzent. Didaktisch ist es sinnvoll, so aktiv wie möglich zu lernen und Inhalte neu zu strukturieren, aufzubereiten und somit tiefgreifend zu verarbeiten. Das bezieht sich nicht nur auf das Erstellen von Notizen, das Produzieren von Lernvideos, das Scribbeln von Sketchnotes, das Erstellen von (augmentierten) Infografiken (oder einer ganzen Vernissage), das Gestalten von Moodboards oder aufs Prototyping etc., sondern kann auch die Entwicklung dreidimensionaler Lerninhalte auf der Basis von Büchern bzw. Textmaterialien beinhalten.

Mit der webbasierten Anwendung CoSpaces ist es beispielsweise sehr einfach, eigene Objekte mithilfe der intergierten 3D-Bibliothek zu erstellen und mit Annotationen oder Infotexten (auch mit Audio-Aufnahmen als MP3-Files) zu versehen. Dies wäre eine perfekte Ergänzung zum oben aufgeführten VR-Setting der Studien und könnte meiner Meinung nach weitere didaktische Vorteile mit sich bringen:

1. Transfer von Zahlen, Daten und Fakten in realweltliche Kontexte
2. Förderung der Kreativität
3. Ausbau der Teamfähigkeit

4. Stärkung digitaler Kompetenzen
5. Entwicklung von Problemlösekompetenz
6. Etablieren von konstruktivem Feedback als Methode des lebenslangen Lernens

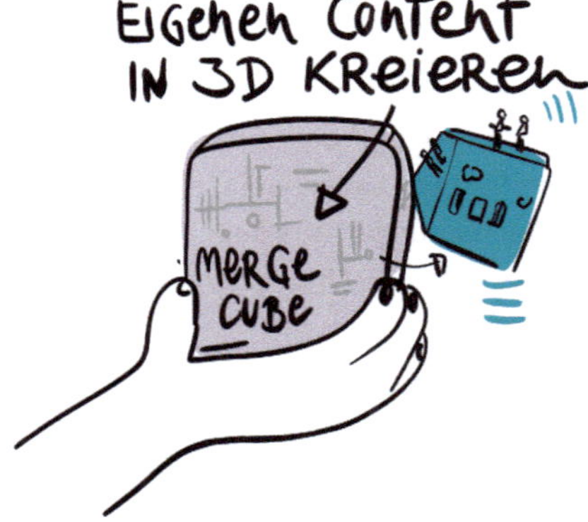

3D-Welten selbst gestalten – Schritt-für-Schritt-Anleitung mit CoSpacesEdu

Viele Lehrende befürchten zu Recht enorme Mehraufwände durch die Integration von XR-Technologien. Das betrifft Lehrende an Schulen genauso wie im Bereich der betrieblichen Aus- und Weiterbildung. Und ja, anfangs muss man sich intensiv damit befassen, sich selbst informieren bzw. weiterbilden lassen, damit man für die Lernenden eine geeignete Infrastruktur zur Verfügung stellen kann.

Meine Empfehlung wäre es, die Inhalte punktuell von den Lernenden selbst produzieren zu lassen. Lehrende übernehmen eher die Funktion eines Facilitators, eines Mentors und Begleiters. Es sollte selbstverständlich sein, dass auch die Lehrenden nicht alles über die neuen Technologien wissen. Im Internet stehen jedoch alle Informationen zur Verfügung, die man benötigt, um z. B. eigene 3D-Welten in CoSpaces zu bauen. Lernende erarbeiten dabei selbstständig (oder besser noch im Team) Lösungen für Probleme. Meine Empfehlung wäre darüber hinaus, die Lernenden in Tandems arbeiten zu lassen. So können sie sich gegenseitig motivieren, Feedback geben und kontinuierlich unterstützen. Das fördert zusätzlich die Teamfähigkeit.

Derartige Lernsettings können vorab als »Experiment« angekündigt werden, damit klar ist, dass man sich selbstständig Informationen zur Nutzung beschaffen muss. Es wäre darüber hinaus aber auch denkbar, interne MultiplikatorInnen ausbilden zu lassen (Schule, Universität, Organisation), die in ihrem Umfeld mit technischer Expertise unterstützen.

Wichtig ist, dass diese zusätzlichen Aufwände zu Beginn nicht allein von einzelnen Lehrenden getragen werden, sondern dass es ein Commitment auf allen Ebenen, insbesondere auch in den Leitungsfunktionen gibt. Ein Commitment zu einem experimentellen Zugang verbunden mit dem Ziel, digitale Kompetenzen strategisch auszubauen und Future Skills auf allen Ebenen (Lehrende und Lernende) zu entwickeln.

Nach einer Einführungsphase können dann die vielen Vorteile genutzt werden, da sich die digitalen (XR-)Lerninhalte skalierbar einsetzen lassen. Das bedeutet, dass Lernende und Lehrende zum einen Inhalte sehr schnell teilen und verschicken können (z. B. zum Feedback-Geben) und zum anderen auch »Kopien« anlegen können, die schnell und einfach modifiziert und ggf. an neue Kontexte angepasst werden können. Gerade das Geben von Feedback ist eine Future Skill, die v. a im Schulkontext oft unterschätzt wird.

Das Produzieren von Lernmaterial bezieht sich aber natürlich nicht nur auf dreidimensionale Lerninhalte, sondern es ist ein didaktisches Prinzip, das grundsätzlich angewendet werden kann, damit Lernende in einen aktiven Modus des Lernens kommen können. Das »Prosumer-Konzept« eignet sich insbesondere für die Erstellung von Infografiken, Moodboards, Lernvideos, Prototypes etc., die dann in einer Art »Ausstellung« oder »E-Portfolio« räumlich-visuell aufbereitet werden können. Für sich selbst oder auch zum Teilen mit anderen.

Ein Beispiel, wie Lernende ein Lernvideo mithilfe von SAP-Scenes selbst erstellt haben

Darüber hinaus bezieht sich die aktive Rolle nicht nur auf einzelne Lernartefakte, sondern auch auf übergreifende Lernkonzepte, die an Schulen, an der Universität oder in Organisationen umgesetzt werden sollen. Auch hier ist es meiner Meinung nach wünschenswert und didaktisch mehrfach sinnvoll, die Lernenden partizipativ und kokreativ einzubinden, z. B. in Form von Barcamps oder Design Sprints (vgl. Kapitel 3).

2.2.6.5 Visuell-räumliche Anker setzen

Lernräume werden, wie bereits dargelegt, im wissenschaftlichen Lehr-/Lern-Diskurs oft vernachlässigt, obwohl sie einen bedeutenden und wissenschaftlich nachweisbaren Einfluss auf die Lernwirksamkeit ausüben.

Bereits in der Antike wurde diese Erkenntnis genutzt, um sich umfangreichen Lernstoff beispielsweise zur Vorbereitung von Reden besser einprägen zu können. Die sogenannte »Loci-Methode« ist eine mnemotechnische Lernmethode und Assoziationstechnik. Sie ist leicht zu erlernen und wird aufgrund ihrer Effektivität von praktisch allen Gedächtnissportlern verwendet und auch in den Kognitionswissenschaften aufgeführt.

Laut Wikipedia ist die Loci-Technik eine Methode, die relativ wenig Aufwand benötigt. Sie baut auf der Annahme auf, dass es für viele Menschen schwierig ist, sich ohne Hilfstechniken eine Abfolge von Dingen zu merken. Daher werden in der Loci-Technik Lerninhalte in eine fiktive Struktur »eingeordnet« bzw. mithilfe dieser Struktur auch miteinander verknüpft. Dabei definiert man sich gewissermaßen geistige »Variablen« wie z.B. Punkte an einem Weg oder Dinge in einem Raum, die dann mit verschiedenen Inhalten verknüpft werden können. Diese Variablen sind in eine übergeordnete Struktur eingeordnet, sodass es möglich wird, bei der Wiedergabe der Inhalte eine Reihenfolge einzuhalten.

Die Loci-Methode ist deswegen so erfolgreich, weil sich Bilder besser ins Gedächtnis einprägen als bloße Informationen wie Text oder Zahlen. Darüber hinaus profitiert sie von der assoziativen Funktionsweise des menschlichen Gehirns. Übertragen auf das Konzept von Smart Learning hat die Loci-Methode enorme Vorteile, da man sich quasi virtuelle Räume als Personal Learning Environment (PLE) oder auch als E-Portfolio gestalten kann. Zudem können Inhalte für andere kuratiert und aufbereitet werden.

2.2.6.6 Personal Learning Environments integrieren

Wer sich kontinuierlich weiterbilden möchte, braucht ein gut strukturiertes Personal Learning Environment (PLE). Als Learning DesignerIn oder auch als selbstorganisiert lernendes Individuum muss man Lerninhalte für sich oder andere gut kuratieren. Man spricht hier von »Content Curation«. Der Begriff meint die Kuratierung, also die Zusammenstellung, von Inhalten. Damit ist der Prozess des Sammelns von Informationen gemeint, die für ein bestimmtes Thema oder Interessengebiet relevant sind, normalerweise mit der Absicht, durch den Prozess der Auswahl, Organisation und Pflege der Objekte in einer Sammlung oder Ausstellung einen Mehrwert zu erzeugen.

Deshalb ist es zwingend notwendig, hochwertige Lernressourcen auszuwählen, zu speichern und zu verwalten. Hierfür sind Online-Tools wie Padlet, Miro, Raindrop,

Readwise, Obisidian, OneNote/ EverNote, Refind, Scoop.it und Co. sehr nützlich. Auch KI-Systeme können hier zukünftig hervorragend assistieren, um ein persönliches Wissensmanagement zu optimieren (vgl. Kapitel 2.2.3).

Dieser Prozess der Content Curation kann von Lehrenden im Zuge einer didaktischen Reduktion vorgenommen werden. Auch Verlage kuratieren Wissen und bündeln es in Sach-/Schulbüchern, Handouts oder anderen Lernmaterialien.

Durch neue Konstrukte wie das Metaverse (vgl. Kapitel 2.2.5) kann eine PLE bzw. Content Curation komplett neue Formen annehmen. Auf der Basis der Loci-Methode können hier fachspezifische, virtuelle Lernräume von Lehrenden oder Lernenden selbst gestaltet werden. Dabei können die virtuellen Welten einprägsame Farben, Formen und Strukturen annehmen, die zum einen zum Thema passen und die sich zum anderen auch besser einprägen, als wenn die Informationen ausschließlich als Text in einer 2D-Sammlung zur Verfügung stehen würden. Eine räumlich verankerte Content Curation funktioniert in virtuellen wie auch in realen Räumen. Auf dem CLC-Camp 2016 habe ich ein Experiment gewagt, in dem es darum ging, den Raum aktiv zu nutzen, um verschiedene Inhalte räumlich-visuell zu verbinden. Selbst Jahre später wurde ich auf diese Session angesprochen, weil sich die Teilnehmenden so lange (positiv) daran erinnern konnten.

Ein Beispiel für räumlich-visuelle Verankerung auf dem CLC-Barcamp 2016

2.2.6.7 Toolboxen und Infrastruktur bereitstellen

Meine letzte didaktische Empfehlung bezieht sich auf das Tooling, also die jeweilige Werkzeugkiste, die die Lernenden und Lehrenden nutzen können, um sich zum Beispiel eine eigene PLE anlegen zu können. Wie bei dem im Kapitel 2.2.6.4 genannten Beispiel (ein von Lernenden selbst produziertes Video) ist es wichtig, entsprechende Werkzeuge zu kennen, diese nutzen zu dürfen und die Lernenden professionell anzuleiten, diese Tools selbstständig anzuwenden. Als praktisch haben sich Mini-Tutorials bzw. How-to-Anleitungen erwiesen, sodass sich die Lernenden auch asynchron, also ohne Facilitator, die Handhabung und Nutzung der Tools selbstständig erarbeiten können. Bei Videoproduktionen kommen neben den SAP-Scenes (OER-Ressource unter https://apphaus.sap.com/resource/scenes) natürlich noch weitere Tools zum Einsatz. So zum Beispiel iMovie als Schnittprogramm für Apple-Hardware etc.

Da es unglaublich viele Tools gibt, mit denen man das Lernen und Arbeiten optimieren bzw. anreichern kann, ist es unabdingbar, sich kontinuierlich damit zu beschäftigen, welche Tools es gibt, welche Mehrwerte diese bieten und ob diese den Anforderungen der jeweiligen Institution entsprechen.

Jede Institution (Schule, Universität, Organisation) nutzt unterschiedliche Soft- und Hardwarestrukturen. Außerdem gelten unterschiedliche Regelungen im Zusammenhang mit Datenschutz und Datensicherheit. Wo dürfen welche Daten gespeichert und verarbeitet werden? Viele unterschiedliche Aspekte müssen hier berücksichtigt werden, natürlich spielen auch Lizenzkosten eine große Rolle.

Eine umfassende Liste an »Top Tools for Learning« stellt Jane Hart jedes Jahr zur Verfügung. Dort werden jene Werkzeuge aufgeführt, die unter den beteiligten Befragten als am wichtigsten bewertet wurden.

Top 100 Tools for Learning von Jane Hart

Außerdem hat auch die Smart Learning Community eine kleine, aber feine Liste an »Smart Learning Tools« zusammengestellt, die insbesondere aktives Lernen fördern. Diese Tools wurden in einem Adventskalender Ende 2022 frei zur Verfügung gestellt.

Der Smart-Learning-Adventskalender, u. a. mit nützlichen XR- und KI-Tools

Wer sich für noch mehr Tools interessiert, dem empfehle ich die Sammlung von Robin Good, der mit ZEEF eine kuratierte Zusammenschau von Tools zur Online-Kollaboration bietet. Die Sammlung umfasst mehr als 700 Einträge und ist die größte mir bekannte Übersicht dieser Art.

Insbesondere in der letzten Übersicht wird deutlich, wie viel Aufwand es bedeutet, beim Thema »Tooling« immer auf dem aktuellen Stand zu bleiben. Das ist wahrscheinlich auch der Grund, weshalb ich selten bis nie gut aufbereitete Toolboxen für Lehrende und Lernende in der Praxis vorgefunden habe. Meiner Meinung nach ist es aber zwingend notwendig, um

- das Lernen effektiver gestalten zu können und
- digitale Skills auf allen Ebenen auszubauen.

700+ Online Collaboration Tools – kuratiert und bereitgestellt von Robin Good

2.2.7 Stellenwert von Design

Im letzten Abschnitt der Grundlagen möchte ich auf den Stellenwert von Design im Bildungsbereich eingehen. Meiner Meinung nach wird das Design als Fachdisziplin im Kontext Bildung absolut unterschätzt. Als Erziehungswissenschaftlerin baue ich systematisch auf Designprinzipien und -theorien auf, verbunden mit dem Ziel, die Bildungspraxis durch Analyse, Gestaltung, Entwicklung und Implementierung von Bildungsangeboten kontinuierlich zu verbessern.

Design-Based Research
Ein solches Verfahren beruht auf dem Ansatz von Design-Based Research. Bereits in meiner Dissertation habe ich bewusst diesen Ansatz gewählt, der dazu geeignet ist, Innovationen im Bildungsbereich wissenschaftlich fundiert zu erkunden (The Design-Based Research Collective, 2003).

Design-Based Reseach (DBR) wird von den Autoren Wang und Hannafin wie folgt definiert:

> »Design-Based Research is a systematic but flexible methodology aimed to improve educational practices through iterative analysis, design, development, and implementation, based on collaboration among researchers and practitioners in real-world settings, and leading to contextually-sensitive design principles and theories.«
>
> Wang und Hannafin (2005, S. 6 f.)

DBR zeichnet sich dadurch aus, dass Forschende zwei Sichtweisen verbinden: die des Wissenschaftlers und die des Designers bzw. Gestalters. Die Autoren Wang und Hannafin (2005) sprechen in diesem Zusammenhang von einer »hybriden Methode«, die klassische Forschungsmethoden wie z. B. Literaturanalysen, Experteninterviews, Beobachtung, Fragebogen etc. mit Methoden aus dem Design kombinieren.

Als Ergebnis einer gestaltungsorientierten Bildungsforschung entstehen durch die Generalisierung von Designlösungen »Design Frameworks«, die als Leitlinien zur Gestaltung innovativer Lernumgebungen dienen (Reinmann, 2005). Damit versucht der DBR-Ansatz, der wachsenden Komplexität von Lehr-/Lernsituationen gerecht zu werden, die dadurch gekennzeichnet ist, dass eine Vielzahl an wirksamen Variablen existiert, deren unzählige Interaktionen mit wiederum anderen Variablen in Zusammenhang stehen und der experimentellen wie auch der korrelativen Forschung klare Grenzen setzen. Deshalb ist das HoLEX®-Framework (vgl. Kapitel 3.1.1.1) das Ergebnis einer gestaltungsorientierten Forschungsarbeit.

Diese offene Art der Forschung ist noch eher unüblich, liefert aber einen wertvollen Beitrag zum öffentlichen Diskurs. Glücklicherweise habe ich im Rahmen meiner Dissertation in Prof. Dr. Thomas Köhler einen Gutachter gefunden, der diese Art der Forschung unterstützt. Insofern gibt es hier einen Deep Dive zur Frage, welchen Beitrag Berufspädagogik und Bildungswissenschaften leisten können, um a) Lernangebote zu verbessern und b) die Gesellschaft (insbesondere junge Menschen) auf die Zukunft vorzubereiten.

Prof. Dr. Thomas Köhler im Podcast-Interview

Darüber hinaus liefert Design als Fachdisziplin noch weitere wichtige Erkenntnisse für das notwendige Skill- und Mindset von LerngestalterInnen, die im Gastbeitrag von Dr. Andrea Augsten und Dr. Moritz Gekeler zusammengefasst werden. Die AutorInnen stellen zunächst einmal die vier Design-Ordnungen (Kommunikation, Produkt, Interaktion und System) vor, die der amerikanische Design- und Managementforscher Richard Buchanan zur Kategorisierung der Designdisziplin entwickelt hat.

Darauf aufbauend leiten sie ab, was Designprozesse mit Lernprozessen zu tun haben, und synthetisieren ihre Erkenntnisse in sieben Prinzipien, die sich GestalterInnen von Lernangeboten vom Design abschauen können. Diese sieben Prinzipien finden konkrete Anwendung in Kapitel 3. Falls du dich also vertieft mit Designtheorie und der Frage »Warum machen wir das so?« beschäftigen möchtest, scanne einfach den folgenden QR-Code.

Was ist Design eigentlich? Eine Frage der Perspektive (Dr. Andrea Augsten, Dr. Moritz Gekeler)

2.3 Fazit: Smart Learning erfordert Gestaltungsarbeit

Smart Learning Environments (SLE) sind hybride Lernumgebungen, in denen Online- und Offline-Welten verschmelzen und nahtlos ineinander übergehen. Zum einen handelt es sich um physische Räume, die mit digitalen Technologien angereichert sind und bruchlose, immersive Lernerfahrungen ermöglichen. Zum anderen handelt es sich um virtuelle Räume, die man über das Internet betreten und aus denen man einzelne Objekte mit heraus in die physische Umgebung nehmen kann. Bei hybriden SLE-Settings werden Learning Journeys über mehrere Arten von »Raum« gespannt. Ziel ist es immer, die Learning Experience, also das Lernerlebnis, zu intensivieren, um das Lernen insgesamt besser zu machen.

Der Lernprozess selbst ist allerdings sehr komplex und gutes Lernen ist von vielen Faktoren auf unterschiedlichen Eben gleichzeitig abhängig. Lernen ist, wie empirisch dargelegt, von den Aktivitäten und Intentionen der Subjekte abhängig (Mikro- und Meso-Ebene) und steht darüber hinaus in Wechselwirkung mit Prozessen der organisationalen Strukturen formaler Weiterbildung (Exo-Ebene) sowie im Kontext globaler Wirtschaftssysteme (Makro-Ebene). Hier gilt es, eine Balance zwischen Instruktion und Konstruktion in Abhängigkeit von den Lernvoraussetzungen, Lerninhalten und Lernzielen zu gestalten – eine sehr vielschichtige Aufgabe.

Im Rahmen des selbstgesteuerten, arbeitsplatzbezogenen Lernens zeigen sich intensive Verflechtungen mit der täglichen Tätigkeit, also mit den jeweiligen Aufgaben und Herausforderungen der beruflichen Position bzw. Rolle in einer Organisation. Moderne Konzepte des »Workplace Learning« zielen im Zuge der digitalen Transformation auf eine integrierte Kompetenzentwicklung im Prozess der Arbeit selbst sowie auf eine Unterstützung von vernetzten und sozialen Lernformen.

Diesem Ansatz folgend ist Lernen vor allem vor dem Hintergrund einer selbstorganisierten Kompetenzentwicklung zu verstehen und findet mehr und mehr im und mit dem Internet statt. Das Internet ist und bleibt der wichtigste Zugang innerhalb moderner Kompetenzentwicklungsansätze. Die Ausrichtung erwachsenenpädagogischer, didaktischer Modelle lassen einen deutlichen Wandel hin zu kompetenzorientierten Konzepten erkennen, die den Lernenden selbst ins Zentrum rücken. Dies impliziert eine Abkehr von den traditionell eher lehrendenzentrierten Lernformaten hin zu offenen und selbstgesteuerten Umgebungen. Die (passive) Nutzung eines Lernmanagement-Systems (LMS) wird zu einer (aktiv) gestalteten persönlichen Lernumgebung (PLE). Insbesondere die digitalen Medien bieten für selbstgesteuerte und arbeitsplatzbezogene Lernformen vielfältige und skalierbare Ressourcen.

Lernen ist darüber hinaus situiert und findet immer in bestimmten Kontexten und an bestimmten Orten statt. Die Raumgestaltung selbst sowie auch die didaktische Nutzung von Lernräumen ist ein Faktor von mehreren, die Einfluss auf die Lernwirksamkeit haben, in der gängigen Literatur aber vernachlässigt werden. Deshalb bezieht sich die Gestaltung von Smart Learning Environments immer auch auf das übergeordnete Design sowie auf Raumgestaltung, sei es offline, online, virtuell oder hybrid. Virtuelle Raumgestaltung im Kontext Metaverse bietet ungeahnte Möglichkeiten, Flexibilität und Skalierbarkeit, um das Lernen kreativer, offener, immersiver und effektiver zu gestalten.

Ausschlaggebend ist zudem das didaktische Arrangement. Ziel ist eine stimmige Verzahnung unterschiedlicher Lerneinheiten im Rahmen einer ganzheitlichen Learning Journey. Vor allem sollte möglichst aktiv und wenig passiv gelernt werden. Dabei müssen die einzelnen didaktischen Elemente sinnvoll ineinandergreifen. Je nach Zielgruppe und Zielstellung eignen sich dann unterschiedliche Lernszenarien. Diese können im Metaverse stattfinden, müssen es aber nicht. Was wir brauchen, ist eine Offenheit für innovative und kollaborative Lernsettings, die das lebenslange Lernen am Arbeitsplatz fördern. Diese strukturelle Offenheit ist leider nur in Ansätzen (bis gar nicht) im öffentlichen Bildungssystem bzw. in Organisationen vorzufinden.

Nach Kerres (2016) braucht es im Rahmen der Digitalisierung und der damit verbundenen hoch komplexen Bildungsarbeit sowohl einen Kulturwandel als auch ein systematisches Veränderungsmanagement. Mit der Digitalisierung der Bildung wird ein Veränderungsprozess angezeigt, der über ein bisheriges E-Learning-Verständnis weit hinausgeht und den gesamten Bildungsprozess bis hin in ein Metaversum des Lernens durchdringt.

Die Chancen und Möglichkeiten der digitalen Technologien eröffnen sich in besonderer Weise, wenn sich der Blick auf eine ganzheitliche Bildungsarbeit fokussiert und personalisierte Lernprozesse in den Vordergrund rückt.

Die Digitalisierung der Bildung ist pervasiv, sie durchdringt alle Prozesse, Orte und Formate der Bildungsarbeit.

Wie das »Swiss Center for Innovations in Learning« (SCIL) in einem Arbeitsbericht sehr treffend beschrieben hat, geht es weniger um ein Entweder-oder, sondern vielmehr um ein Kontinuum (Seufert et al., 2013). Wo das informelle, adaptive oder auch ubiquitäre Lernen anfängt und wo es aufhört, ist eine Sache der jeweiligen Definitionen.

Wichtig ist es daher, die jeweiligen Formate didaktisch sinnvoll miteinander zu verzahnen. Genau an diesem Punkt setzen die hoch modernen Technologien wie XR, IoT oder KI an, um die vorhandenen Brüche zwischen formalen Lernsettings in klassischen Schulungsräumen mit informellen Lernformen innerhalb intelligenter, hybrider und virtueller Lernräume auflösen zu können.

Smart Learning Environments erfordern eine komplexe Gestaltungs- und Modellierungsarbeit, die über mehrere Ebenen und Parameter vollzogen werden muss. Im Kern geht es letztlich immer darum, zunächst die Dimensionen des Lernens (Prozesse, Tätigkeiten, Wirkungen und Intentionen) im Vorfeld zu verstehen und genau zu analysieren, um darauf aufbauend organisationale Rahmenbedingungen sowie passende Lern- und Unterstützungsformate zu innovieren. Details dazu folgen nun im folgenden Kapitel.

3 Smart Learning Design

Im Vergleich zu den letzten Kapiteln, die als theoretische Hinführung dienten, wird es jetzt praxisorientierter. Ich werde von vielen unterschiedlichen Projekten berichten, mein Vorgehen erläutern, meine Erfahrungen inkl. Key Learnings darstellen und auch auf das Feedback der Co-Creation-Beteiligten eingehen.

Ziel von Kapitel 3 ist es, allen einen Zugang zum Konzept von Smart Learning zu ermöglichen und Learning Professionals zu befähigen, eigene Smart Learning Environments in der Praxis zu gestalten.

Bevor es losgeht, kommt hier meine dritte Hologramm-Botschaft für dich.

3.1 Wie können Smart Learning Experiences gestaltet werden?

Es gibt viele unterschiedliche Möglichkeiten, wie Smart Learning Experiences gestaltet werden können. Wie bereits dargelegt, geht es immer um den richtigen Mix aus Instruktion und Konstruktion sowie um eine passgenaue Zusammenstellung vielfältiger Lehr-/Lernmethoden, Lernmaterialien und Lernformen innerhalb didaktisch wirksamer Learning Journeys.

Zudem kann man sich im Vorfeld entscheiden, welche Ausprägung bzw. Größe das Projekt annehmen soll. Geht es um

1. ein einzelnes Element, also »One Magic Moment of Learning«?
2. ein komplettes Format?
3. eine fundierte L&D-Strategie (s. u.) auf der Basis von SLEs?

Aufgabe von Learning-&-Development(L&D)-Abteilungen ist es, den Entwicklungsbedarf zu erheben, verschiedene Lernmethoden und -angebote im gesamten Unternehmen zu implementieren sowie Lernstrategien und -programme zu entwickeln.

Kapitel 3 wird hierzu eine Orientierung bieten und unterschiedliche Möglichkeiten im Detail erläutern. Das bedeutet, man kann mit einzelnen kleinen und smarten Elementen starten, diese zu ganzen Formaten erweitern und darauf aufbauend strategische L&D-Projekte initiieren. Aufwand und Investitionsbedarf steigen mit der Größe des Projekts bzw. der Komplexität der Zielstellungen.

3.1.1 Das Toolkit (1) – Methoden und Templates

Im Folgenden werden Methoden, Tools und Templates vorgestellt, die als einzelnes, losgelöstes Element von Smart Learning verwendet werden können. Im Zentrum von Toolkit (1) stehen insbesondere die Methoden. Sie dienen sozusagen zu Beginn einer Annäherung an das Konzept im Allgemeinen und zur Inspiration von L&D-Verantwortlichen, Mitarbeitenden, Bildungsverantwortlichen in öffentlichen Institutionen oder L&D-BeraterInnen, die sich für Smart Learning interessieren.

Lizenzierung
Die vorgestellten Methoden, Tools oder Templates stehen zum Download als Open Educational Resources (OER) zur Verfügung und werden unter einer CC BY-NC-SA 4.0-Lizenz ausgegeben. Alle Details zu Creative Commons und den CC BY-NC-SA 4.0-Lizenzbestimmung findest du hier:

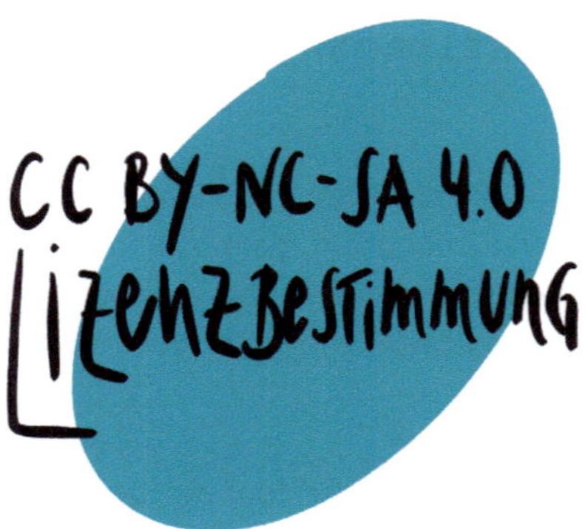

Hintergrundinformationen zur CC BY-NC-SA 4.0-Lizenzbestimmung

Diese Lizenz erlaubt dir Download, Nutzung, Bearbeitung und Weitergabe der Materialien unter gleichen Bedingungen sowie unter Nennung des Urhebers. Die Lizenz verbietet jegliche kommerzielle Nutzung der Materialien.

Erlaubt sind:

- **Teilen** – das Material in jedwedem Format oder Medium vervielfältigen und weiterverbreiten
- **Bearbeiten** – das Material remixen, verändern und darauf aufbauen Folgende Bedingungen gilt es einzuhalten:
  - **Namensnennung** – du musst angemessene Urheber- und Rechteangaben machen, einen Link zur Lizenz beifügen und angeben, ob Änderungen vorgenommen wurden. Diese Angaben dürfen in jeder angemessenen Art und Weise gemacht werden, allerdings nicht so, dass der Eindruck entsteht, der Lizenzgeber unterstütze gerade dich oder deine Nutzung besonders.

- **nicht kommerziell** – du darfst das Material nicht für kommerzielle Zwecke nutzen.
- **Weitergabe unter gleichen Bedingungen** – wenn du das Material remixt, veränderst oder anderweitig direkt darauf aufbaust, darfst du deine Beiträge nur unter derselben Lizenz wie das Original verbreiten.

Es ist explizit erwünscht, dass alle, die sich für das Thema interessieren, das Toolkit nach eigenen Anforderungen modifizieren und weiterentwickeln können. Hierzu dient auch die Online-Community, in der du dich über Erfahrungen austauschen und neue Materialien hochladen bzw. teilen kannst. Scanne den QR-Code und werde Mitglied in unserer Online-Community, die darüber hinaus noch viele weitere Ressourcen und Quellen zur Verfügung stellt (hierfür benötigst du einen LinkedIn-Account).

Wer die Inhalte im Rahmen seiner Beratung o.Ä. (kommerzielles Angebot) nutzen möchte, kann dies natürlich auch tun, allerdings unter einer anderen Lizenz. Wer daran interessiert ist, wendet sich bitte direkt an mich (sirkka@sirkkafreigang.com), um eine gesonderte Lizenz für kommerzielle Zwecke zu erwerben. Dies betrifft insbesondere die Nutzung des HoLEX®-Frameworks im Beratungskontext.

3.1.1.1 Das HoLEX®-Framework

Als Ergebnis meiner Dissertation ist auf der Basis einer triangulativen, mehrstufigen Studie ein komplexes, soziotechnisches Smart-Learning-Framework entstanden, das mittlerweile zum HoLEX®-Framework weiterentwickelt wurde. HoLEX® ist hierbei die Abkürzung für **Ho**listic **L**earning **Ex**perience und bezieht sich auf das Ziel von Smart Learning Environments.

Das HoLEX®-Framework ist ein Instrument, das dabei unterstützt, didaktisch wirksame Smart Learning Environments zu gestalten. Das Framework definiert Einflussbereiche und Erfolgsfaktoren, die zusammengenommen und in wechselseitiger Abhängigkeit ein idealtypisches Smart Learning Environment abbilden.

Das Framework hilft dabei, komplexe bildungswissenschaftliche Anforderungen in der Praxis zu berücksichtigen, und bietet eine strukturierte Methode, um innovative, ganzheitliche Personalentwicklungsstrategien zu formulieren und konsequent am Ziel einer lernenden Organisation zu arbeiten.

Das HoLEX®-Framework setzt sich aus fünf Dimensionen zusammen, die zusammengenommen ein idealtypisches Smart Learning Environment abbilden:

1. Partizipative Unternehmenskultur
2. Maximale Nutzerzentrierung
3. Didaktische Vielfalt
4. Hybrider Lernraum
5. Hybride Lernassistenz

Jede Dimension wird durch jeweils sechs Items, die im Rahmen der wissenschaftlichen Untersuchung als kritische Erfolgsfaktoren definiert wurden, näher bestimmt und beschrieben. Im Rahmen der Gestaltung und Entwicklung von Smart Learning Environments sollten also alle 30 Erfolgsfaktoren betrachtet und in ihren Wechselbeziehungen zueinander analysiert werden. Das HoLEX®-Framework dient im Gestaltungsprozess als Analyse-, Planungs- und Entwicklungsinstrument.

Im Folgenden werden die fünf Dimensionen mit den jeweiligen sechs Erfolgsfaktoren im Überblick erläutert:

3.1.1.1.1 Die fünf Dimensionen de HoLEX®-Frameworks

1. Partizipative Unternehmenskultur

Smart Learning Environments bauen auf einer partizipativen Lern- und Unternehmenskultur auf. Insofern liefert die erste Dimension sechs Erfolgsfaktoren, anhand derer die dafür notwendigen strukturellen Rahmenbedingungen geschaffen werden können. Die Erfolgsfaktoren der ersten Dimension sind (1) Netzwerk vs. Hierarchie, (2) Interdisziplinarität vs. Fachabteilung, (3) Experimente vs. Planung, (4) Leadership vs. Management, (5) Selbstführung vs. Zielvereinbarung und (6) Empowerment vs. Controlling.

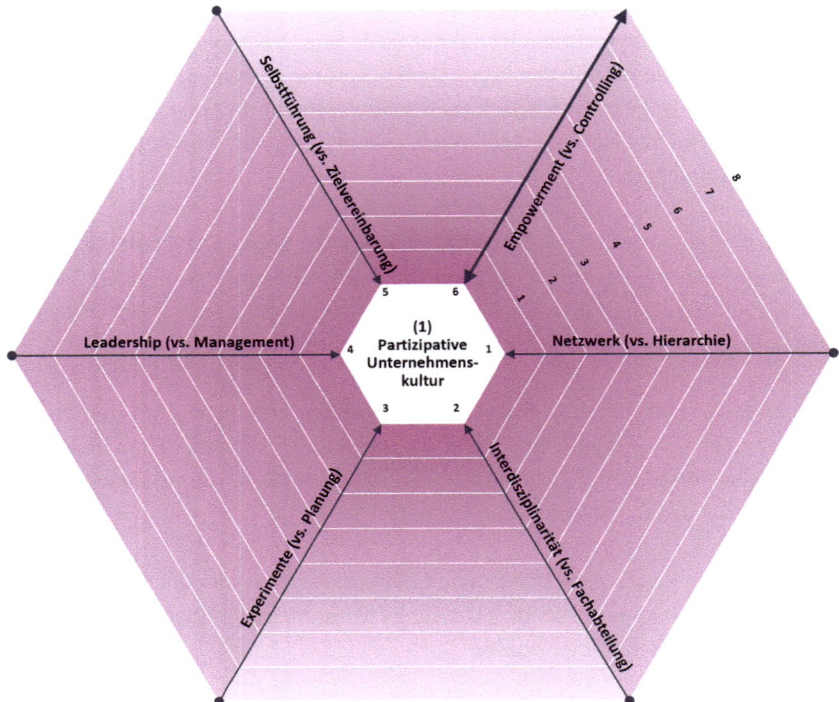

1. Dimension: Partizipative Unternehmenskultur mit sechs Erfolgsfaktoren

2. Maximale Nutzerzentrierung

Smart Learning Environments sind nutzerzentriert. Daher umfasst die zweite Dimension sechs Faktoren, wie eine maximale Nutzerzentrierung erzeugt werden kann. Die sechs Erfolgsfaktoren der zweiten Dimension sind (7) Bedarfserhebung durchführen, (8) Employability sicherstellen, (9) Profiling veranlassen, (10) Lernbegleitung anbieten, (11) Motivation fördern und (12) Persönliche Lernumgebung (PLE) entwickeln.

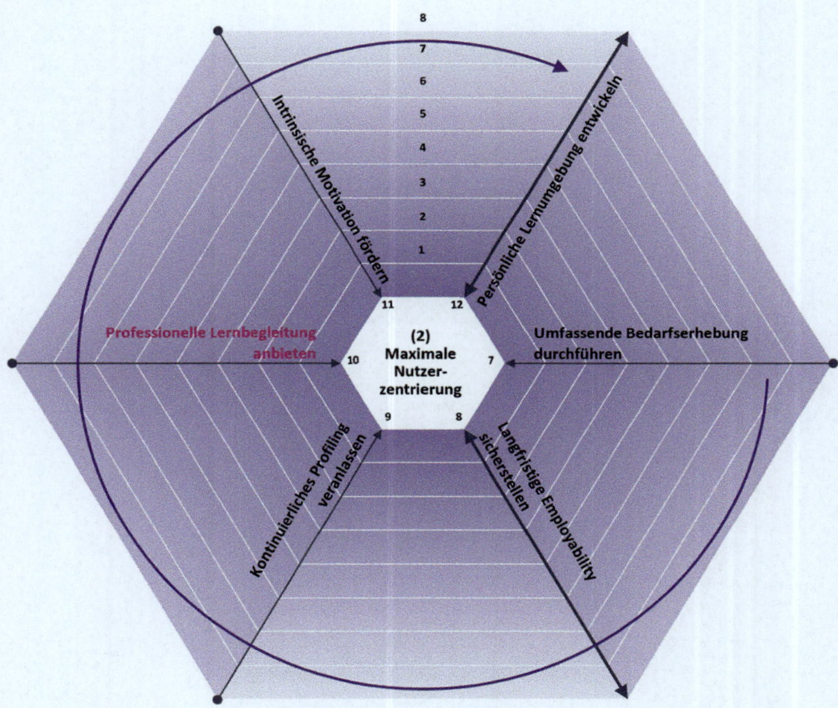

2. Dimension: Maximale Nutzerzentrierung mit sechs Erfolgsfaktoren

3. Didaktische Vielfalt

Smart Learning Environments sind darüber hinaus didaktisch vielfältig. Wie unterschiedliche Methoden miteinander kombiniert werden können, zeigen die sechs Erfolgsfaktoren in der dritten Dimension. Die Erfolgsfaktoren der didaktischen Vielfalt lauten (13) Arbeitsplatzorientiertes Lernen, (14) Kollaboratives Lernen, (15) Ubiquitäres und adaptives Lernen, (16) Toolkit-Unterstützung, (17) Hybridisiertes Lernen sowie (18) Personalisiertes Lernen.

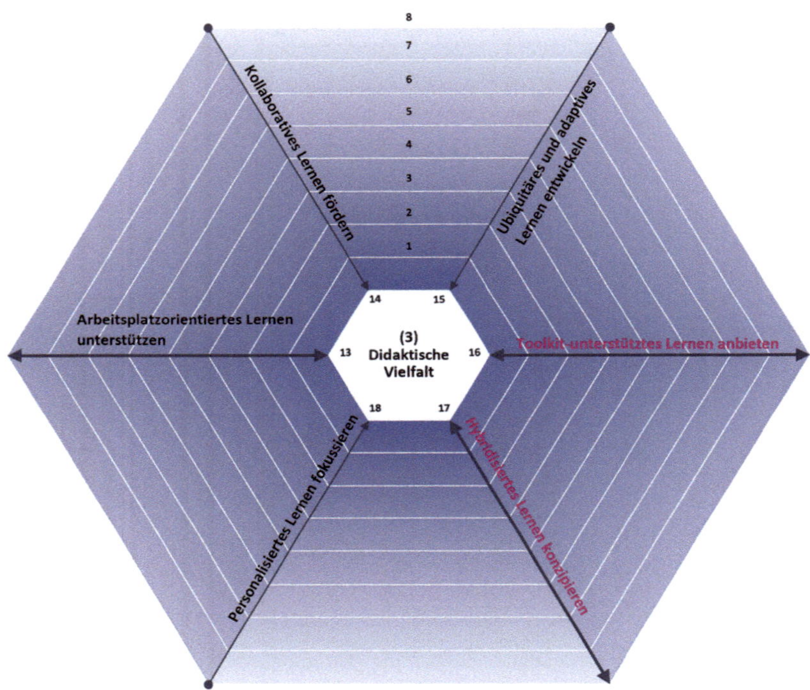

3. Dimension: Didaktische Vielfalt mit sechs Erfolgsfaktoren

4. Hybrider Lernraum

Orte spielen bei Smart Learning Environments eine besondere Rolle, da Lernen immer in räumlichen Umgebungen stattfindet. Wie aus traditionellen Orten lernförderliche und inspirierende Lern- und Arbeitsumgebungen werden können, zeigen die sechs Erfolgsfaktoren der vierten Dimension. Diese lauten (19) Digitale und analoge Lerntools zur Verfügung stellen, (20) Grundlegende Anforderungen sicherstellen, (21) Lernförderliche Raumatmosphäre herstellen, (22) Multifunktionales Mobiliar integrieren, (23) Architektonisches Gesamtkonzept entwickeln sowie (24) Hybride Lern- und Arbeitswelten designen.

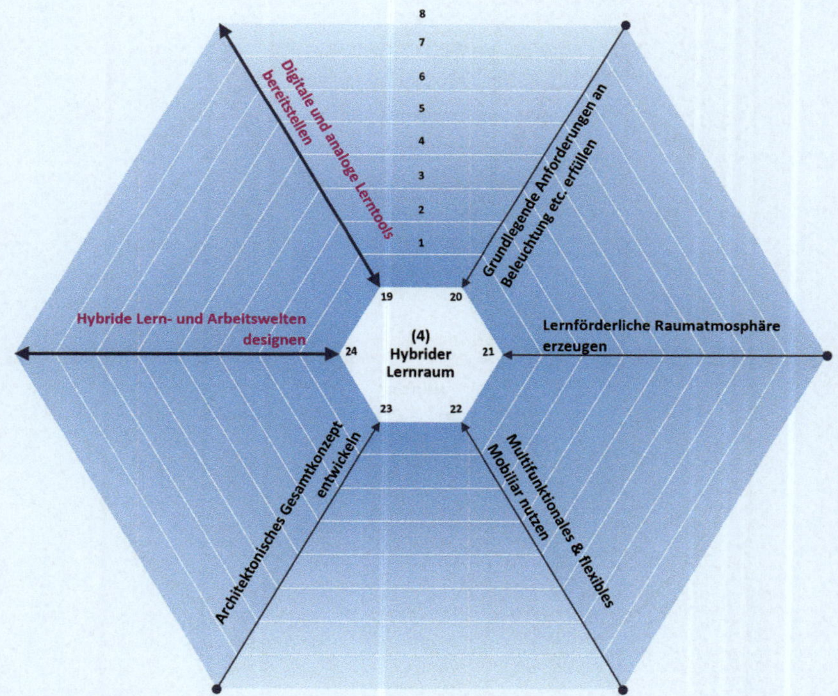

4. Dimension: Hybrider Lernraum mit sechs Erfolgsfaktoren

5. Hybride Lernassistenz

Zentrales Element bei Smart Learning sind die verwendeten Technologien. Deshalb sind sie innerhalb des Frameworks mittig angeordnet, da es viele Abhängigkeiten und Wechselwirkungen zwischen dieser und den anderen Dimensionen gibt. Wie man bei der Gestaltung von Smart Learning Environments sinnvoll Technologien integrieren kann, wird anhand von sechs Faktoren in der fünften Dimension aufgezeigt. Diese lauten (25) Lerninhalte identifizieren, (26) Technologien prozessual integrieren, (27) Knowledge Ecology aufbauen, (28) Learning Analytics einführen, (29) Privacy-by-Design anwenden sowie (30) Empfehlungssystem aufbauen.

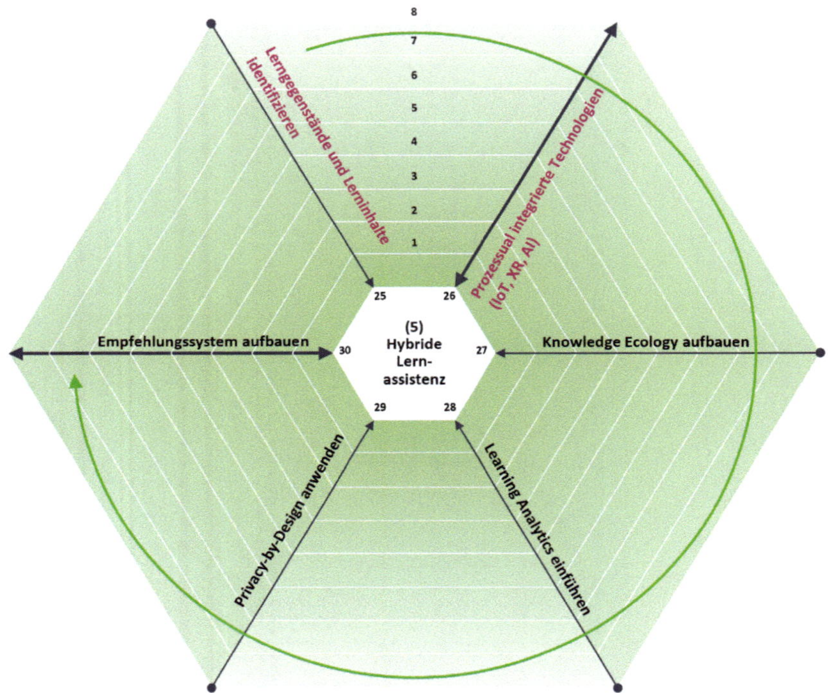

5. Dimension: Hybride Lernassistenz mit sechs Erfolgsfaktoren

Jede Dimension beinhaltet also sechs Erfolgsfaktoren (vgl. Abbildungen oben). Alle 30 Erfolgsfaktoren spiegeln zusammengenommen ein idealtypisches Smart Learning Environment wider und werden im nächsten Abschnitt anhand der HoLEX®-Cards im Detail vorgestellt. Im Rahmen von Workshops werden alle 30 Faktoren auf ihre Relevanz sowie anhand des Reifegrads im organisationalen Kontext analysiert. Darauf aufbauend werden passende Smart-Learning-Konzepte, -Angebote oder -Programme abgeleitet.

Die rot hervorgehobenen Erfolgsfaktoren sind definierte Mindestanforderungen eines SLEs. Sie ermöglichen mithilfe des vereinfachten HoLEX®-Modells einen schnelleren Gestaltungsprozess, der auf der Basis eines Rapid-Prototyping-Ansatzes auf eine komplexe Analysephase im Vorfeld verzichtet (vgl. Kapitel 3.1.1.4).

Das HoLEX®-Framework fungiert insgesamt als flexibler Rahmen, in dem die Organisationen ihre eigenen, individuellen Wege beschreiten. Alle Dimensionen verfügen über einen Reifegrad von 0 bis 8 (s.u.), wodurch Messbarkeit ermöglicht wird. Damit können evidenzbasierte Daten erhoben und über mehrere Jahre verglichen werden.

Das komplette HoLEX® Framework als Planungs-, Analyse- und Entwicklungsinstrument zum Download, Ausdrucken und Folieren

Der Analyse- und Gestaltungsprozess verläuft dabei sequenziell von Dimension 1 bis 5. Man beginnt bei der ersten Dimension zur partizipativen Unternehmenskultur, die die Grundlage für eine erfolgreiche Implementierung von SLEs darstellt. Sofern nach der Reifegradanalyse in der ersten Dimension ein Mittelwert unter 4 resultiert, würde ich empfehlen abzuwägen, ob es überhaupt sinnvoll ist, ein Smart-Learning-Projekt zu beginnen. Wahrscheinlich wäre es zielführender, zunächst an den strukturellen Grundlagen zu arbeiten.

Für die Datenerhebung und Durchführung der Reifegradanalysen habe ich in der Vergangenheit oft das Tool Mentimeter eingesetzt. Mit diesem webbasierten Tool ist es möglich, dass viele Personen den Reifegrad ihres Unternehmens gleichzeitig bewerten. Danach werden automatisch die Mittelwerte mit dem Gesamtergebnis angezeigt. In der folgenden Abbildung siehst du das Ergebnis einer exemplarischen Reifegradanalyse als Spinnennetz-Diagramm zur Bewertung der Unternehmenskultur:

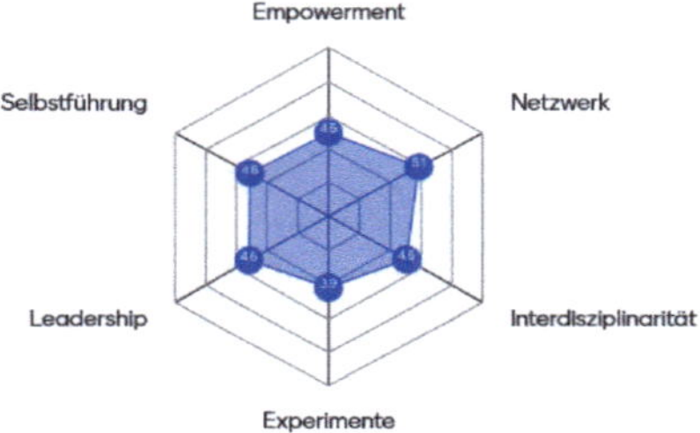

Ein Beispiel, wie eine digitale Reifegradanalyse mittels Mentimeter mit vielen Personen gleichzeitig durchgeführt werden kann – ein Template zum Ausprobieren

Selbstverständlich kann bei größer angelegten Projekten auch spezifische Software verwendet bzw. aufgesetzt werden, um den datenschutzrechtlichen Aspekten gerecht zu werden.

Sobald man eine Reifegradanalyse über alle fünf Dimensionen in Form von Spinnennetzdiagrammen (siehe oben) erstellt hat, wird es richtig spannend, insbesondere auch, weil sich die Hexagone mit ihren direkten und indirekten Verbindungen drehen lassen (s.u.). Das ist deswegen wichtig, weil die einzelnen Erfolgsfaktoren, nicht unabhängig voneinander sind. Bei der Anordnung der Hexagone und Faktoren im Framework wurde explizit darauf geachtet, dass möglichst direkte Verbindungen bzw. Abhängigkeiten durch eine unmittelbare Nähe zueinander visualisiert werden konnten.

Durch das Drehen der Hexagone ist man darüber hinaus in der Lage, ein dynamisches und sich stetig veränderndes System sichtbar zu machen. Dadurch gelingt es, die

Komplexität der Lernsituation nicht zu reduzieren, sondern zu visualisieren, zu systematisieren und somit handhabbar und auch besprechbar zu machen. Wie sich die Hexagone im Analyseprozess drehen lassen, veranschaulicht folgendes Video – scanne einfach den QR-Code.

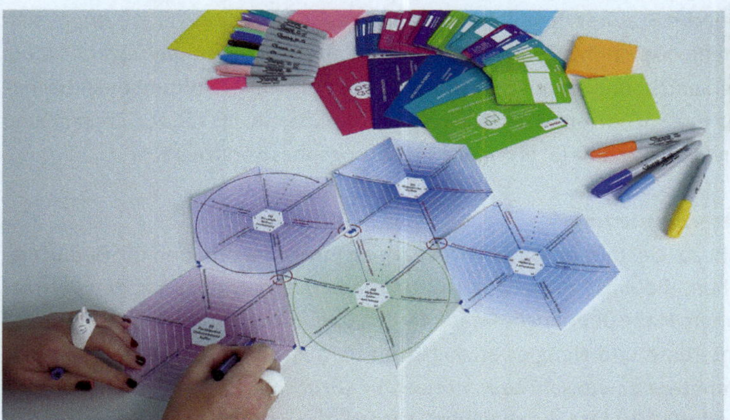

Anwendung des Frameworks und Quick Wins herausarbeiten

3.1.1.1.2 Dimensionsübergreifende Wechselwirkungen und Abhängigkeiten

Partizipative Unternehmenskultur

Organisationale Lernprozesse werden von einer Lern- und Unternehmenskultur geprägt, die sich über viele Jahre entwickelt und manifestiert. Es ist ein Unterschied, ob Mitarbeitende zu einer Schulung geschickt oder Möglichkeiten und Freiräume des selbstbestimmten Lernens angeboten werden. Es ist zudem ein Unterschied, ob Experimentieren und Fehlermachen erlaubt sind oder ob streng nach Plan vorgegangen werden muss. Es ist ein Unterschied, ob hierarchische Strukturen die Kommunikation prägen oder ob auch »Top-ManagerInnen« über Netzwerke o.Ä. ansprechbar sind. Es ist darüber hinaus ein Unterschied, ob die Ziele vorgegeben werden oder man über seine Ziele selbst entscheiden kann.

Ist ein Unternehmen transparent und offen gegenüber den Mitarbeitenden oder sind Intransparenz und Mikromanagement an der Tagesordnung? Werden Mitarbeitende befähigt statt kontrolliert und ist ein interdisziplinäres Zusammenarbeiten über vorhandene Silostrukturen und über Fachbereiche hinweg möglich?

So wurde beispielsweise die »partizipative Unternehmenskultur« bewusst unterhalb der Dimensionen (2), (3), (4) und (5) platziert, um die darin enthaltenden Faktoren als »grundlegend« bzw. als Basis zu kennzeichnen. Aus diesem Grund wurde die Bezeichnung »1« gewählt, da das Hexagon quasi den Startpunkt definiert und die Voraussetzung für wirksame SLEs darstellt.

Weiterhin wurde die Dimension (5) zur Gestaltung der »Hybriden Lernassistenz« bewusst mittig im Framework angeordnet, da sich durch die Integration von Technologien die spezifische Besonderheit eines SLEs manifestiert. Darüber hinaus ergibt sich eine sequenzielle, »spiralförmige« Abfolge im Gestaltungs- und Analyseprozess, die von der Nutzerzentrierung (2) ausgeht und sich über die Ausgestaltung didaktischer Vielfalt (3) und das Entwerfen eines hybriden Lernraumes (4) bis hin zur Entwicklung einer hybriden Lernassistenz (5) als finale Gestaltungsphase erstreckt.

Maximale Nutzerzentrierung

Ausgangspunkt zur Gestaltung von Smart Learning Environments sind die Bedürfnisse der Menschen, die diese nutzen. Nur wenn die Lernbedürfnisse mit den Lernangeboten in hohem Maße übereinstimmen, werden über die Sinnhaftigkeit intrinsische Motivation, Interesse und Neugier erzeugt. Um herauszufinden, welche Fach- und Methodenkompetenz gewünscht bzw. notwendig wird, sollte im Vorfeld immer eine gründliche (Bedarfs-)Analyse durchgeführt werden, die letztlich in ein (Kompetenz-) Profiling mündet. Das Profiling dient unter Beratung von professionellen Lernbegleitern zur Entwicklung einer »Persönlichen Lernumgebung« (PLE), die auf der Basis der Bedürfnisse ein individuelles Wissensmanagement unterstützt und für formale wie informelle Lernformate genutzt werden kann.

Die Dimension (2) zur Gestaltung einer »Nutzerzentrierung« wurde bewusst mit dem Erfolgsfaktor »Employability (8)« in einen direkten Bezug zur Unternehmenskultur durch »Empowerment (6)« gesetzt. Direkte und ausgeprägte Abhängigkeiten und Wechselwirkungen wurden durch dicke Pfeile gekennzeichnet, die in beide Richtungen zeigen (vgl. HoLEX®-Framework inkl. Legende zum Ausdruck).

Die Selbstbefähigung (Empowerment) der Mitarbeitenden fördert entsprechend ihre Beschäftigungsfähigkeit (Employability). Gleichzeitig wirkt sich ausgeprägte Beschäftigungsfähigkeit positiv auf die Selbstbefähigung aus. Deshalb verweisen die Pfeile in beide Richtungen und wirken bidirektional.

Darüber hinaus stehen die Faktoren »Selbstführung vs. Zielvereinbarung (5)« in einem Zusammenhang mit »Profiling (9)«, da ein kontinuierliches Profiling durchaus von den Mitarbeitenden direkt gesteuert werden sollte, sofern die »partizipative Unternehmenskultur« dies zulässt und aktiv unterstützt.

Didaktische Vielfalt

Um möglichst vielen und diversen Lernbedürfnissen gerecht werden zu können, ist es nützlich, multimodale Lernangebote zu entwickeln, die verschiedene Sinne ansprechen und eine konsequente Methodenvielfalt innerhalb der Formate erzeugen. Anregungen für kollaboratives Lernen, arbeitsplatzbezogenes Lernen, adaptives, selbstgesteuertes oder problemorientiertes Lernen ist z. B. dem »Kleinen Handbuch didaktischer Modelle« (Flechsig, 1996) zu entnehmen. Lernen kann aus konstruktivistischer Perspektive nie direkt gesteuert werden und ist stets eine Eigenleistung des Subjekts. Es können lediglich günstige Rahmenbedingungen zum Lernen geschaffen werden. Hierfür bieten sich neue, interaktive Medien oder hybride Technologien aus dem XR-Umfeld in besonderer Weise an. Aber auch »analoge« Methoden wie z. B. Prototyping eignen sich, um Kreativität und Innovationskraft zu fördern.

Die Dimension »Didaktische Vielfalt« wurde mit dem Erfolgsfaktor des »Arbeitsplatzorientierten Lernens (13)« in einen direkten, ausgeprägten Bezug zur Nutzerzentrierung mittels »Persönlicher Lernumgebung (12)« gestellt, da eine PLE wie in Kapitel 2.2.1.3 dargelegt, arbeitsplatzorientierte und informelle Lernformen gleichermaßen unterstützt. Die Anforderung einer didaktischen Vielfalt von SLEs wird u. a. durch die Mindestanforderungen des »Hybridisierten Lernens (17) « und des »Toolkitunterstützten Lernens (16)« erzielt, die in einer direkten und ausgeprägten Verbindung zur Dimension des »Hybriden Lernraums« stehen.

Wenn didaktische Vielfalt durch Toolkit-unterstütztes Lernen erreicht werden soll, dann werden »Digitale und analoge Lerntools (19)« in den jeweiligen Lern- und Arbeitsumgebungen benötigt. Dasselbe gilt für hybridisierte Lernformen, die nur erreicht werden können, wenn »Hybride Lern- und Arbeitswelten« (24)« zur Verfügung stehen.

Hybrider Lernraum
Raumkultur wirkt auf Lernkultur. Es ist ein Unterschied, ob man sich in einem in Grau gehaltenen Büro oder in einem Google-Office in Zürich befindet. Dies sind plakative Extreme – es gilt hier eine ausgewogene Balance zu finden. Wichtigste Ansatzpunkte für physische Räume sind ein angenehmes, modernes Design kombiniert mit multifunktionalem Mobiliar, das sich einfach und schnell an unterschiedliche Lern- und Arbeitsszenarien anpassen lässt. Darüber hinaus bieten sich hier innovative Konzepte wie die des Upcyclings an, wobei z. B. aus Paletten Tische oder Regale gefertigt werden. Ein zentrales Merkmal des »Internets der Dinge« ist die Integration von Technik in Alltagsgegenstände zu »Smart Objects«. Damit ist die Anreicherung von Alltagsgegenständen wie z. B. einem Fenster mit Sensoren und Aktoren gemeint, um einen automatisierten Zusatznutzen zu generieren (Bsp.: Wenn die Luftqualität nicht lernförderlich ist, gehen die Fenster automatisch auf). Im Idealfall tritt die Technik unauffällig in den Hintergrund. Sie wird Bestandteil der Architektur oder des Mobiliars und ist in Wände, Tische, Stühle etc. integriert.

Moderne Lern- und Arbeitsumgebungen sollten aber nicht nur über die technische Ausstattung mit PC, Beamer, Audio- und Konferenzsystemen oder »Smart Devices«

wie Tablets, 3D-Drucker, Smartphones, Smart Boards oder Screens verfügen, sondern auch analoge Tools wie Flipcharts, Stellwände, Stifte, Papier und Post-its bereitstellen sowie auch ein digitales Toolkit anbieten, das verschiedene Software-Applikationen bündelt und die jeweiligen Lern- und Arbeitsprozesse unterstützt. Dazu gehören z. B. Anwendungen, mit denen die Lernergebnisse mit einer (internen) »Community of Practice« geteilt werden können, oder auch vorinstallierte Werkzeuge, mit denen während des Lernprozesses Fotocollagen, Infografiken oder Videos erstellt und bearbeitet werden können.

Physische Räume werden im Kontext von Smart Learning nicht nur auf der Basis von IoT und KI zu intelligenten Lernumgebungen, sondern erstrecken sich dank moderner XR-Technologien bis ins Metaverse hinein. Die physische Umgebung wird digital überlagert. Ein neuer Begriff in diesem Zusammenhang ist »phygital« und entspricht dem hybriden Ansatz von Smart Learning. Über physische Portale (vgl. Kapitel 2.2.5.1) können reale Lernumgebungen direkt mit Lernorten im Metaverse verbunden werden. Zudem ermöglichen XR-Apps die Augmentierung von Lern- und Arbeitsmaterialien. Ziel ist es, ansprechende und inspirierende Lern- und Arbeitswelten zu designen, die alle möglichen Lernräume umspannen (F2F, digital, hybrid, virtuell).

Die Dimension (4) steht mit dem Faktor »hybride Lern- und Arbeitswelten designen (24)« in einer direkten und ausgeprägten Abhängigkeit zur Dimension (5), da nur durch »prozessual integrierte Technologien (26)« assistierte und hybride Lehr- und Lernprozesse erzielt werden können. Aus dem Framework lässt sich zudem eine besonders starke Wechselbeziehung zwischen den Faktoren 17 (»hybridisiertes Lernen«), 24 (»hybride Lern- und Arbeitswelten designen«) und 26 (»prozessual integrierte Technologien [IoT, XR, AI]«) erkennen, die sich über insgesamt drei Gestaltungsbereiche hinweg erstreckt.

Hybride Lernassistenz

Die technologische Konvergenz ist ein wesentliches Kernelement eines Smart Learning Environments. Deshalb bündelt die hybride Lernassistenz unterschiedliche Technologien und fungiert als Empfehlungssystem, das auch als »digitaler Assistent« bezeichnet werden kann. Durch die Anwendung von künstlicher Intelligenz können assistierte Funktionen und Systeme entwickelt werden. Hierzu müssen relevante Lernressourcen und Wissensquellen identifiziert und miteinander vernetzt werden. Durch die Auswertung von Data Analytics und durch semantische Verfahren können über neuronale Netze abstrakte Softwarearchitekturen geschaffen werden, die Sinnzusammenhänge zwischen unterschiedlichen Wissensbeständen und Datenquellen herstellen können. Letztlich entsteht auf dieser Grundlage ein intelligentes Empfehlungssystem, das in Abhängigkeit von den individuellen Bedürfnissen (vgl. PLE) relevante Inhalte identifiziert, aufbereitet und in bestimmte Typen klassifiziert und bereitstellt. Die hybride

Lernassistenz fungiert als Schnittstelle zwischen internen und externen Datenbeständen und organisiert bedarfsgerecht alle benötigten Informationen und Werkzeuge.

Die Dimension »Hybride Lernassistenz« steht in ihrer zentralen Position im Framework in einer direkten Abhängigkeit zu allen anderen vier Dimensionen. Beispielsweise wirkt sich das »Empfehlungssystem (30)« förderlich auf ein »strategisches Empowerment (6)« in der Unternehmenskultur aus. Parallel dazu fördert das Empfehlungssystem die »Employability (8)« in der Dimension zur Nutzerzentrierung. Die Entwicklung eines »Empfehlungssystems (30)« ist letztlich auch nur dann sinnvoll, wenn es das Ziel des Unternehmens ist, die Mitarbeitenden langfristig über selbstgesteuerte und informelle Lernformen weiterbilden zu wollen.

Weitere Rückkopplungseffekte bestehen zwischen den Faktoren 25 (»Identifizierung der Lerngegenstände und Lerninhalte«), 18 (»Personalisiertes Lernen«) und 7 (»Bedarfserhebung«). Entsprechende Abhängigkeiten sind zwischen den Dimensionen 2, 3 und 5 zu lokalisieren.

3.1.1.1.3 Empfehlungen zur Anwendung des HoLEX®-Frameworks als Planungs-, Analyse- und Entwicklungsinstrument

Die beschriebenen direkten und indirekten Wechselwirkungen basieren auf einer subjektiven Empfehlung und einer Vielzahl an möglichen Interpretationen, die von den jeweiligen Organisationen an eigene Bedürfnisse angepasst werden können (und sollen). Bei der Reifegradanalyse geht es weder um gute oder schlechte Bewertungen, sondern um das Sichtbarmachen bestimmter Verhältnisse, die von bestimmten Personen zu einer bestimmten Zeit erhoben werden.

Dadurch dass die Hexagone mit den Spinnennetzdiagrammen gedreht werden können, ergeben sich völlig neue Perspektiven und Sichtweisen auf den Gestaltungsprozess. Bisher unbeachtete Zusammenhänge werden sehr schnell greifbar. Durch das Drehen der einzelnen Dimensionen ist eine dynamische Nutzung des Frameworks möglich. Darüber hinaus können relevante Verbesserungspotenziale sehr schnell als »Quick Wins« identifiziert werden.

Ziel der Anwendung als Planungs,- Analyse- und Entwicklungsinstrument
Ziel ist es, dass sich ein Unternehmen durch die regelmäßigen Reifegradanalysen zu einer lernenden Organisation entwickelt, wirksame Smart-Learning-Angebote gestaltet sowie das Konzept von Smart Learning strategisch verankert.

Zielgruppe
Die Zielgruppe sind bildungsverantwortliche Personen in Organisationen, Stakeholder und Mitarbeitende, die Smart Learning Environments strategisch implementieren möchten.

Rahmung und Kontext

Das HoLEX®-Framework kann flexibel in unterschiedlichen Kontexten und Formaten eingesetzt werden. Besonders sinnvoll sind regelmäßige Reifegradanalysen (z. B. zwei- bis viermal pro Jahr) zu verschiedenen Zeitpunkten und mit verschiedenen Zielgruppen im Kontext einer Smart-Learning-Strategieentwicklung (vgl. Kapitel 3.1.3.6). Das HoLEX®-Framework eignet sich darüber hinaus sehr gut für Innovationsworkshops wie Design Sprints, offene Formate wie Barcamps oder kann in einem Train-the-Trainer-Setting wie zum Beispiel einer Masterclass oder einem Facilitator-Training (F2F, digital, hybrid, virtuell) angewendet werden.

Vorteile

Das HoLEX®-Framework weist folgende Vorteile auf:

1. Die dynamischen und hoch komplexen Anforderungen an das lebenslange Lernen in Organisationen können durch das HoLEX®-Framework systematisch analysiert und die Komplexität sichtbar gemacht werden.
2. Auf der Grundlage von Reifegradanalysen können kontinuierlich Daten erhoben und miteinander verglichen werden. So kann man sich konsequent zu einer lernenden Organisation weiterentwickeln.
3. Mithilfe des HoLEX®-Frameworks können wissenschaftlich fundierte Entscheidungsgrundlagen erarbeitet werden, die dazu dienen, sinnvolle und passende Smart-Learning-Angebote und -Formate zu entwickeln.
4. Auf der Basis des HoLEX®-Frameworks werden Smart Learning Environments strategisch implementiert. Dies verbessert die Lernfähigkeit der gesamten Belegschaft im Unternehmen und sichert durch erhöhte Employability die langfristige Wettbewerbsfähigkeit in globalen Märkten.

Benötigte Ressourcen (Minimum)

- HoLEX®-Framework mit fünf Dimensionen (ausgedruckt, foliert oder digital als PPT oder in Miro o. Ä.)
- Tool zur Durchführung einer Reifegradanalyse (z. B. Mentimeter)
- Lizenz, falls Verwendung im kommerziellen Kontext

Zur Qualitätssicherung ist das HoLEX®-Framework in kommerziellen Kontexten markenrechtlich geschützt. Bei Bedarf können Nutzungsrechte des HoLEX®-Frameworks an lizenzierte Partner/Organisationen/BeraterInnen ausgegeben werden.

Optionale Ressourcen (Optimum)

- HoLEX®-Cards (siehe Kapitel 3.1.1.2)

Gruppengröße
Variiert je nach Format und Zielstellung. Sofern digitale Umfrage-/Softwaretools zur Durchführung der Reifegradanalysen eingesetzt werden, ist eine sehr hohe Anzahl an Analysen und Befragten möglich.

Dauer
Variiert je nach Format, Lernziel und Anzahl der Teilnehmenden. In einem Präsenzformat sollte man zwischen ca. zwei und vier Stunden einplanen.

Vorbereitung und Ablauf
- Identifizieren und Auswählen der Tools
- Erstellung der benötigten Materialien (ausgedruckt/foliert in Präsenz oder digital in Miro o.Ä.)

Durchführung (exemplarisch an einem F2F-On-Site-Setting)
- Die Teilnehmenden erhalten eine kurze Einführung zu Ablauf und Zielstellung der Reifegradanalyse auf der Basis des HoLEX®-Frameworks.
- Die Teilnehmenden erarbeiten sich die Details zu den Erfolgsfaktoren selbst auf der Basis des zur Verfügung gestellten Materials. Dies kann bei wenig Zeit z.B. ein One-Pager als PDF sein. Falls mehr Zeit vorhanden ist, werden Zweierteams gebildet und HoLEX®-Cards ausgegeben (vgl. Kapitel 3.1.1.2). Jeder nimmt sich sechs Karten einer Farbe, also einer Dimension. Jeder Faktor wird in Stillarbeit gelesen. Anschließen stellen sich die Tandems ihre Erfolgsfaktoren gegenseitig vor. Danach werden Dreiergruppen gebildet und erneut die jeweiligen Erfolgsfaktoren im Team vorgestellt. Nach weiteren fünf Minuten wird (falls möglich) auf Fünfergruppen aufgestockt, um alle Erfolgsfaktoren in Kleingruppen besprechen und ihre Zusammenhänge und Wechselwirkungen diskutieren zu können.
  Falls darüber hinaus noch mehr Zeit zur Verfügung stehen sollte, können im Anschluss daran auch fünf Gruppen mit jeweils zwei (bis max. vier) Personen gebildet werden, die jeweils einen Prototyp pro Smart-Learning-Dimension erstellen. Auf diese Weise gelingt es besonders gut, die jeweiligen Erfolgsfaktoren in der Tiefe zu verstehen, um anschließend eine fundierte Reifegradanalyse durchführen zu können. In einer Smart Learning Masterclass wurde beispielsweise ein Moodboard zur Unternehmenskultur, ein SAP-Scenes-Video zur Nutzerzentrierung (scanne dazu den QR-Code in Kapitel 2.2.6.4), eine Sketchnote zur didaktischen Vielfalt, ein Lego-Prototyp zum hybriden Lernraum sowie eine Infografik zur hybriden Lernassistenz angefertigt.
  Für jede Gruppe bzw. jeden Prototyp wurden entsprechende Materialien vorbereitet, How-to-Tutorials angeboten und persönliche Lernbegleitung durch Smart Learning Facilitators sichergestellt. Das kreative Erstellen von Prototypen mit anschließender Präsentation im Plenum (Stichwort: Lernen durch Lehren) ermöglicht eine tiefergehende Auseinandersetzung und ein besseres Verständnis der

Erfolgsfaktoren generell sowie von deren Zusammenhängen, als wenn man nur zwei Stunden Zeit hat.

- Die Teilnehmenden führen digital (z.B. mittels Mentimeter) mit ihrem Smartphone eine Reifegradanalyse für ihr Unternehmen (Inhouse-Projekt) oder für ein beispielhaftes Unternehmen (offenes Training) durch.
- Die Ergebnisse werden als Spinnennetzdiagramme auf die fünf ausgedruckten/ folierten Hexagone übertragen.
- Im Team werden die Ergebnisse besprochen, Zusammenhänge diskutiert und ggf. neue Abhängigkeiten durch das Drehen der Hexagone analysiert.
- Darauf aufbauend werden Quick Wins herausgearbeitet. Es wird konkret die Frage beantwortet: »Wo können wir mit wenig Aufwand viel bewegen?« Hier sollten nicht mehr als drei Dimensionen mit maximal fünf Erfolgsfaktoren markiert werden, mit denen man starten möchte.
- Die Ergebnisse werden markiert und mit der SLE-Canvas-Collection (vgl. Kapitel 3.1.1.3) weiter ausgearbeitet.

Moderations- und Reflexionsfragen

- Wo liegen unsere Stärken?
- Wo gibt es Verbesserungspotenziale?
- Wie hängen die Dimensionen zusammen?
- Welche direkten/indirekten Abhängigkeiten gibt es zwischen den einzelnen Faktoren?
- Welche Zusammenhänge können wir aktiv steuern, welche nicht?
- Welche direkten/indirekten Wechselwirkungen gibt es über die Dimensionen hinweg?
- Welche Erfolgsfaktoren wurden in der Vergangenheit zu wenig berücksichtigt?
- Wie könnten Quick Wins aussehen und wo kann man mit wenig Aufwand viel bewirken?
- Wo gäbe es konkrete Anknüpfungspunkte oder schon Arbeitsgruppen im Unternehmen, an die man andocken kann?

Aufbauend auf dieser wissenschaftlich fundierten Reifegradanalyse mithilfe des HoLEX®-Frameworks wird dann das Konzept bzw. werden die ersten Smart-Learning-Angebote Schritt für Schritt entwickelt. Für den weiteren Entwicklungs- und Gestaltungsprozess bietet sich daher die Einbettung in einen Design Sprint an (vgl. 3.1.3.4).

3.1.1.2 HoLEX®-Cards mit 30 Erfolgsfaktoren

Auf den HoLEX®-Cards wird jeder einzelne der 30 Erfolgsfaktoren aus den fünf Dimensionen erläutert. Ziel der HoLEX®-Cards ist es, ein gemeinsames Verständnis der Bedeutung und Interpretation der jeweiligen Faktoren zu erlangen. Sie dienen der

Herleitung und näheren Erläuterung zum HoLEX®-Framework, unterstützen eine professionelle Durchführung der Reifegradanalysen sowie die darauf aufbauende Konzeption wirksamer Smart-Learning-Angebote.

Anwendung der HoLEX®-Cards zur Konzeption von Smart-Learning-Angeboten

Da die Bedeutungen und Interpretationen von Person zu Person und von Organisation zu Organisation variieren können, wird hier keine allgemeingültige Definition der jeweiligen Erfolgsfaktoren vorgenommen. Es wird die Bedeutung und der jeweilige Kontext erklärt.

Da die Größe der Karten limitiert ist und manche Dimensionen eine größere Bedeutung insbesondere auch im Kontext moderner Personal- und Organisationsentwicklungsprojekte einnehmen, findest du unten Gastbeiträge von ExpertInnen, die ihre eigene Interpretation zu den Dimensionen der partizipativen Unternehmenskultur, der didaktischen Vielfalt und der hybriden Lernassistenz mit uns teilen.

Gastbeitrag von Prof. Dr. Anja Schmitz und Jan Foelsing zur Dimension der partizipativen Unternehmenskultur

Im Interview mit Jan Foelsing zur Dimension der didaktischen Vielfalt

Im Interview mit Dr. Christopher Krauss zur Dimension hybride Lernassistenz

Ziel der HoLEX®-Cards

Entwickeln eines gemeinsamen Verständnisses der 30 Erfolgsfaktoren, die für die Reifegradanalysen auf der Basis des HoLEX®-Frameworks von Bedeutung sind.

Zielgruppe

Bildungsverantwortliche Personen in Organisationen, Stakeholder und Mitarbeitende, die Smart Learning Environments strategisch entwickeln und implementieren möchten.

Rahmung und Kontext

Die HoLEX®-Cards ergänzen das HoLEX®-Framework, wie im vorhergehenden Kapitel bereits beschrieben.

Vorteile

Die HoLEX®-Cards weisen folgende Vorteile auf:

1. Durch das Kartenset gelingt es, ein tiefgehendes Verständnis der jeweiligen Erfolgsfaktoren zu erhalten.
2. Sofern das beigefügte PDF als Kartenset produziert wird, können vielfältigste Arrangements und Anwendungsszenarien damit umgesetzt werden.
3. Das haptische Kartenset motiviert die Teilnehmenden, sich kollaborativ mit den Erfolgsfaktoren auseinanderzusetzen.

Benötigte Ressourcen (Minimum)

- HoLEX®-Cards mit fünf Dimensionen und 30 Karten (digital komplett oder als One-Pager-PDF, siehe Download-Link unten)

Optionale Ressourcen (Optimum)

- Lizenz zur Nutzung (in kommerziellen Kontexten)
- HoLEX®-Cards (als produziertes Kartenset)

Dauer, Vorbereitung und Durchführung (exemplarisch in einem F2F-Setting)

Die Verwendung des Kartensets erfolgt in Kombination mit dem HoLEX®-Framework, wie im Kapitel zuvor beschrieben.

Download (Open Educational Resources als CC BY-NC-SA 4.0)

Die Infografik kann als One-Pager für einen schnellen Überblick über alle Erfolgsfaktoren genutzt werden:

Die 30 Smart-Learning-Erfolgsfaktoren im Überblick als One-Pager

Wer mehr Hintergrundinformationen zur Bedeutung der jeweiligen Erfolgsfaktoren wünscht, kann das Kartenset mit 30 SLE-Cards inklusive Beschreibung nutzen bzw. professionell als Kartenset produzieren lassen.

Die 30 Smart-Learning-Erfolgsfaktoren im Detail mit Beschreibung

3.1.1.3 Die SLE-Canvas-Collection

Die SLE-Canvas-Collection ist eine Sammlung an Canvas-Templates, die beim systematischen Designprozess in Kombination mit dem HoLEX®-Framework, den HoLEX®-Cards und auch dem HoLEX®-Modell angewendet werden können. Die Canvas-Collection besteht aus zwei Bestandteilen.

3.1.1.3.1 Canvas-Collection Teil I

Teil I beinhaltet sechs Canvas-Typen auf insgesamt acht Seiten, die z. B. in einem SLE-Design-Sprint (vgl. Abschnitt 3.1.3.4) bearbeitet werden sollten.

1. **Strategie-Canvas:** Auf dem Strategie-Canvas wird die Vision des Vorhabens definiert und beschrieben, wie man sich für die Zukunft aufstellen möchte. Es werden kurzfristige und langfristige Ziele formuliert sowie die Herausforderungen zusammengestellt.
2. **Zielgruppen-Canvas:** Auf dem Zielgruppen-Canvas wird die Zielgruppe definiert und beschrieben, aus welchen Bereichen die Lernenden kommen. Mit der Empathy Map werden die Sichtweisen der Personas identifiziert und Wünsche sowie Ängste zusammengetragen. Im Point of View werden die konkreten Bedürfnisse und Erkenntnisse zur Zielgruppe zusammengefasst.
3. **Maßnahmen-Canvas:** Der Maßnahmen-Canvas wird in der Regel nach der Reifegradanalyse verwendet. Es werden Erfolgsfaktoren definiert, auf die man sich – aufbauend auf dem Strategie- und Zielgruppen-Canvas – verständigt hat. Es sollten in der Regel nicht mehr als fünf Erfolgsfaktoren sein, damit man sich besser fokussieren kann. Für jeden der Erfolgsfaktoren werden dann konkrete Maßnahmen definiert, die die Zielerreichung des Faktors unterstützen sollen.
4. **Service-Description-Canvas:** Auf dem Service-Description-Canvas wird das erste Konzept des Smart-Learning-Angebots in prägnanten Sätzen zusammengefasst. Titel, Zielgruppe und Mehrwerte werden eindeutig beschrieben. Zudem wird im Rahmen der Value Proposition final überprüft, ob auf die Bedarfe der Zielgruppe eingegangen wurde. Es wird konkret beschrieben, welches Problem gelöst und welcher Mehrwert erzeugt werden kann.
5. **Storyboard-Canvas:** Der Storyboard-Canvas unterstützt bei der Vorbereitung des Prototypings. Sofern ein Video zur Lösung produziert werden soll, hilft der Canvas, einzelne Skizzen und Szenen zu entwickeln, die später in ein Drehbuch überführt werden.
6. **Next-Steps-Canvas:** Der Next-Steps-Canvas dient der Umsetzungsplanung der nächsten Schritte. In der Regel sind nach einem Workshop/Design Sprint interne Alignments mit Stakeholdern oder eben auch das fundierte Testing zu planen. Insofern werden die jeweiligen Tasks definiert sowie verantwortliche Personen und die Deadlines festgelegt.

SLE-Canvas-Collection Teil I

Anwendungsszenario

Die SLE-Canvas-Collection unterstützt den SLE-Designprozess sehr systematisch und zielorientiert, indem die jeweiligen Templates entweder auf große Plakate (A1 oder A0) ausgedruckt oder als digitale Varianten z. B. in Miro Boards ausgearbeitet werden.

Ziel

Das Ziel ist eine fundierte, konzeptionelle Entwicklung von SLE-Lernangeboten unter Berücksichtigung wissenschaftlicher Erkenntnisse bzw. in Ergänzung des HoLEX®-Frameworks. Der Designprozess beinhaltet Gestaltungsarbeiten zur Vision, zu den Personas, zur Definition von Lernformaten und Maßnahmen, zur Lösungsbeschreibung und zum Prototyping.

Zielgruppe

Alle Personen, die sich für Smart Learning interessieren.

Rahmung und Kontext

Die SLE-Canvas-Collection Teil 1 kann sehr flexibel in unterschiedlichen Kontexten und Formaten eingesetzt werden, wenn es darum geht, direkt in die Gestaltungsarbeit einzutauchen. Der Einsatz eignet sich insbesondere im Rahmen von Innovationsworkshops wie z. B. Design Sprints. Aber auch losgelöst sind einzelne Canvas sinnvoll, um auch in kleinerer Projektteams an SLE-Formaten zu arbeiten.

Vorteile

Die SLE-Canvas-Collection bietet folgende Vorteile:

1. Die Canvas-Collection beinhaltet alle wesentlichen Teilschritte in einem fundierten Gestaltungsprozess und bietet die notwendige Struktur und Hilfestellung zugleich.

2. Die Canvas-Collection bündelt alle relevanten Fragen, die man in einem SLE-Gestaltungsprozess beantworten können sollte.

Benötigte Ressourcen

- Canvas-Collection Teil 1 als PDF zum Download
- viel Kreativität und Offenheit

Gruppengröße

Die Gruppengröße variiert je nach Format. Grundsätzlich ist es empfehlenswert, einen Canvas mindestens zu zweit zu bearbeiten. Je mehr Personen involviert sind, desto schneller kann man den Gestaltungsprozess durchlaufen, weil mehrere Gruppen parallel arbeiten können.

Dauer

Die Dauer variiert je nach Format, Canvas, Teamgröße und Erfahrungswerten der Teammitglieder. Grundsätzlich sollte man für einen Canvas zwischen 30 und 90 Minuten einkalkulieren.

Vorbereitung und Ablauf

- je nach Format jene Canvas-Templates auswählen, die aus der Collection benötigt werden
- die benötigten Canvas-Templates ausdrucken oder in digitalen Boards wie z. B. Miro entsprechend vorbereiten
- Gruppengröße und Zeitvorgabe bestimmen

Durchführung

- Die Teilnehmenden erhalten eine kurze Einführung zu Ablauf und Zielstellung des Canvas.
- Die Teilnehmenden finden in kleinen Teams konkrete Antworten und Lösungen, indem sie eine Leitfrage nach der anderen bearbeiten und ihre Ergebnisse auf (digitalen) Post-its notieren.
- Nach Ablauf der Arbeitsphase präsentiert jede Gruppe ihre Ergebnisse im Plenum.

3.1.1.3.2 Canvas-Collection Teil II

In Ergänzung zu Teil I gibt es noch eine Canvas-Collection Teil II. Teil II beinhaltet vier Canvas-Typen auf insgesamt sechs Seiten, die z. B. in einem SLE-Design-Sprint (vgl. Kapitel 3.1.3.4) bearbeitet werden können. Da es sich um ergänzende Materialien handelt, sollten diese nur zum Einsatz kommen, wenn Teil I nicht ausreicht.

1. **Erfolgsfaktoren-Canvas:** Der Erfolgsfaktoren-Canvas bündelt jeweils sechs Erfolgsfaktoren pro Smart-Learning-Dimension und ermöglicht so ein zielgerichtetes Gestalten für jeden einzelnen Faktor. Ausgangspunkt zur Gestaltung ist die jeweilige Vision bzw. das Problem, das es zu lösen gilt. Für jeden Faktor sind spezi-

fische Fragen formuliert, sodass es leichter fällt, konkrete Antworten und Lösungen pro Faktor zu entwickeln.

2. **Eco-System-Canvas:** Der Eco-System-Canvas identifiziert alle Stakeholder, die im Kontext der Personalentwicklung (oder auch Organisationsentwicklung) involviert sind, und visualisiert alle beteiligten Akteure, die für die Gestaltung von Smart Learning Environments relevant sein könnten. Gerade in Konzernen oder größeren KMU ist es notwendig, das vorhandene Ökosystem von internen Rollen, Systemen und Bereichen bis hin zu externen Agenturen oder IT-Dienstleistern genau zu kennen. Ziel ist es, das notwendige Alignment und die fruchtbare Zusammenarbeit so früh wie möglich zu bedenken.
3. **Design-your-own-Canvas:** Der Design-your-own-Canvas dient dazu, einen eigenen SLE-Canvas anzufertigen, sofern noch kein passendes Template dabei sein sollte. Mit Post-its und Textfeldern lassen sich schnell eigene Fragen und Bereiche einfügen.
4. **Worst-Solution-ever-Canvas:** Der Worst-Solution-ever-Canvas dient dazu, die aktuelle Service-Description auf den Prüfstand zu stellen. Ziel ist es, nochmals genau zu prüfen, ob die Service-Description, also die Lösung, sinnvoll ist. Hierfür formuliert man die Anti-Description. Im Vergleich der beiden Eigenschaften wird deutlich, ob die Lösung wirkliche Mehrwerte generiert oder nicht. Der Worst-Solution-ever-Canvas wird nur dann eingesetzt, wenn man mit seiner Service-Description noch nicht ganz zufrieden ist.

Anwendungsszenario

Die SLE-Canvas-Collection Teil II wird in Ergänzung zu Teil I eingesetzt und folgt denselben Empfehlungen hinsichtlich Zielstellung, Zielgruppe, Kontext, Vorteile, Ressourcen, Gruppengröße, Dauer, Vorbereitung und Durchführung.

SLE-Canvas-Collection, Teil II zum Download

3.1.1.4 Das HoLEX®-Modell zum Rapid Prototyping

Manchmal lassen begrenzte Zeit und Budgetressourcen keinen so komplexen Prozess zu wie eigentlich notwendig, um fundierte und strategisch verankerte Smart Learning Environments auf der Basis des HoLEX®-Frameworks zu entwickeln. Ab und zu muss es schneller und einfacher gehen. An manchen Stellen möchte man auch einfach mal schnell hands-on etwas ausprobieren und in der Praxis testen. Das HoLEX®-Modell zum Rapid Prototyping eignet sich insbesondere dann, wenn man schnell ins Tun kommen möchte.

PDF: Rapid Prototyping – Einführung in die Methode zum Download

Mit diesem Ziel wurden bereits in meiner Dissertation die Mindestanforderungen an ein SLE definiert, um einen schnellen Einstieg ins Thema gewährleisten zu können. Aufbauend auf den aktuellen Forschungsstand aus Kapitel 2.1.3 habe ich in Anlehnung an das SLE-5-Framework nach García-Tudela et al. (2021) die Mindestanforderungen in ein Schaubild überführt, um den Ablauf und die Zielstellung optimal zu visualisieren.

Als Ergebnis ist das HoLEX®-Modell entstanden. Damit ist es möglich, erste Smart-Learning-Prototypen (Proofs of Concept, Minimum Viable Products) innerhalb von nur sieben Schritten zu entwickeln, zu testen und kontinuierlich zu verbessern (siehe Abbildung).

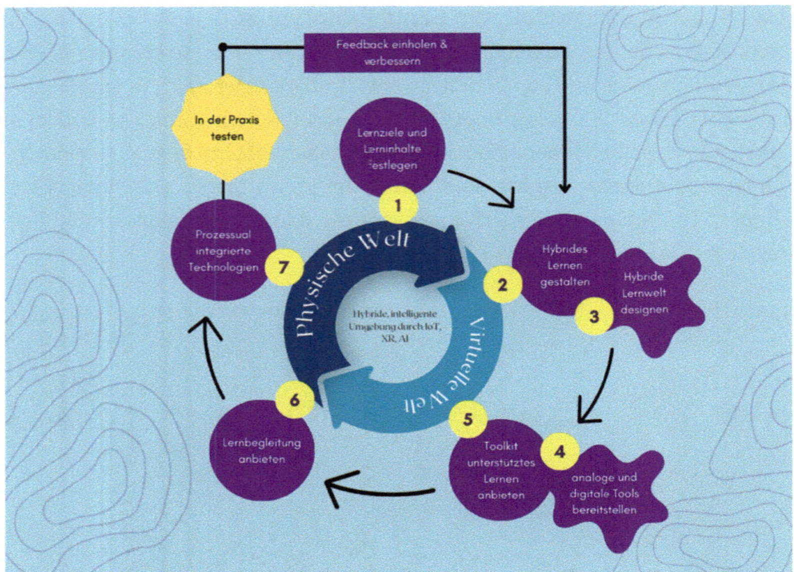

Smart-Learning-Prototypen in sieben Schritten entwickeln

Anwendungsszenario

Wie bereits beschrieben, kann man mit dem HoLEX®-Modell schnell und sehr kreativ einsteigen, am besten in einem kleinen Team, das gemeinsam Smart-Learning-Angebote für das Unternehmen entwickeln möchte.

Ziel

Das Ziel sind Hands-on-Prototyping und schnelle Entwicklung erster SLE-Lernangebote, die in der Praxis erprobt und in iterativen Schleifen kontinuierlich verbessert werden.

Zielgruppe

Alle Personen, die sich für Smart Learning interessieren

Rahmung und Kontext

Das HoLEX®-Modell kann sehr flexibel in unterschiedlichen Kontexten und Formaten eingesetzt werden. Es eignet sich insbesondere im Rahmen von regelmäßigen Meetings für kleinere Projektteams oder auch für Brainstorming-Workshops, die in der Regel ca. zwei Stunden umfassen. Geeignet wäre auch die Verbindung mit der aktiven Teilnahme an einer internen oder öffentlichen Learning Community.

Denkbar wäre aber auch ein größeres Barcamp-Format (vgl. 3.1.3.2), bei dem viele Teams in Mini-Design-Sprints von ca. vier Stunden erste Konzeptideen bzw. Prototypen entwickeln und sich gegenseitig vorstellen.

Vorteile

Das HoLEX®-Modell bietet folgende Vorteile:

1. Das Modell erschließt sich schnell und kann sofort eingesetzt werden.
2. Das Modell bündelt die wichtigsten Erfolgsfaktoren für Smart Learning.

Nachteile

Das HoLEX®-Modell hat folgende Nachteile:

1. Aufgrund der starken Komplexitätsreduktion könnte es passieren, dass wesentliche Faktoren, die für den Erfolg des entwickelten Lernangebots notwendig wären, nicht berücksichtigt wurden (z.B. kulturelle Aspekte oder eine mangelnde Passung, da keine Bedarfserhebung durchgeführt wurde etc.).
2. Die so entwickelten Lernangebote wirken nur an der Oberfläche, nicht im Kern. Notwendige strukturelle und lernwirksamkeitsfördernde Aspekte werden nicht ganzheitlich entwickelt, sondern nur punktuell optimiert.

Benötigte Ressourcen (Minimum)

- Fachkenntnisse und erste Erfahrungen im Bereich Smart Learning sowie Kenntnis über relevante Tools und Methoden
- HoLEX®-Modell als PDF zum Download
- viel Kreativität und Offenheit

Gruppengröße

Die Gruppengröße variiert je nach Format. Grundsätzlich wäre eine Gruppenkonstellation von zwei bis sechs Teilnehmenden zu empfehlen, die als Team erste Prototypen, PoCs (Proof of Concept) oder MVPs (Minimum Viable Product) entwickeln.

Dauer

Auch die Dauer variiert je nach Format, Zielstellung, Teamgröße und Erfahrungswerten der Teammitglieder. Insofern können hier nur sehr grobe Schätzwerte abgegeben werden, zumal die Dauer von der Ausarbeitungstiefe abhängt. Handelt es sich also eher um einen Low-Fidelity-Prototype oder einen High-Fidelity-Prototype? Die »Fidelity« eines Prototyps meint die für die Nutzenden ersichtliche Ähnlichkeit des Prototyps mit dem finalen Smart-Learning-Angebot, also die Genauigkeit, mit der das finale Produkt in einem Prototyp abgebildet wird. Von dessen Komplexitätsgrad ist die Dauer abhängig. Sind es beispielsweise nur kleine Smart-Learning-Szenarien, wie z.B. AR-Sticker (vgl. Abschnitt 3.1.2.3), die in ein bestehendes Lernangebot intergiert werden sollen, dann benötigt man weniger Zeit als für komplexere Szenarien.

Innerhalb von vier Stunden können mit entsprechendem Vorwissen bereits erste Konzeptideen entstehen. Als mögliches Format käme auch ein intensiver Innovationsworkshop infrage, den man mit ca. ein bis zwei Tagen einplanen kann (erster Tag: Brainstorming und Konzeption; zweiter Tag: Prototyping, Testing und Verbesserung). Da das Testing oftmals verteilt an mehreren Tagen stattfindet, müsste man hier ggf. eine Zeitspanne von einer Woche einkalkulieren. Denkbar wären auch monatliche Sprints, also verteilte Arbeitsblöcke pro Woche. Dies könnte dann wie folgt aussehen:

- Woche 1: Brainstorming und Konzeption (Schritte 1 und 2, ca. 2 Std./Woche)
- Woche 2: Prototyping (Schritte 2 bis 7, ca. 4 Std./Woche)
- Woche 3: Testing (ca. 2 Std./Woche)
- Woche 4: Iteration und Verbesserung (ca. 2 Std./Woche)
- Woche 5: Neues Set-up starten (vgl. Woche 1)

Vorbereitung und Ablauf

Wichtig wäre vor Beginn, dass alle Projektteilnehmenden bereits über Vorwissen zum Thema Smart Learning verfügen. Empfehlenswert wäre die Teilnahme an der offenen Smart Learning Community. Es wäre auch möglich, sich das Wissen über dieses Buch und diverse Quellen im Internet anzueignen. Sobald sich das Projektteam formiert hat und man sich auf eine Arbeitsweise (am Stück oder auf mehrere Wochen verteilt) verständigt hat, kann es in Anlehnung an das HoLEX®-Modell wie folgt losgehen:

1. Lerninhalte und Lernziele festlegen
2. Hybride Lernformate konzipieren
3. Hybride Lernwelten designen
4. Analoge sowie digitale Tools bereitstellen
5. Toolkit-unterstütztes Lernen anbieten
6. Lernbegleitung etablieren
7. Prozessual integrierte Technologien anwenden
8. In der Praxis testen
9. Feedback einholen und verbessern

Dieser schematische Ablauf (wie auch alle anderen) stellt dabei nur eine Empfehlung dar. Selbstverständlich kann es hier Anpassungen, Änderungen, Ergänzungen oder auch neue Abfolgen geben. Je öfter ein Team Smart-Learning-Iterationen durchgeführt hat, desto effektiver und schneller können die Prototypen entwickelt und getestet werden.

Sofern das Lernangebot des ersten Durchlaufs positiv in der Praxis getestet werden konnte, können in der zweiten und in allen folgenden Iterationen weitere Details zum Prototyp ausgearbeitet werden (bis zum Minimum Viable Product). Ziel ist es schließlich, ein hochwertiges Smart-Learning-Element zu entwickeln, das skalierbar für mehrere Abteilungen oder gar über das gesamte Unternehmen hinweg implementiert und ausgerollt werden kann.

Das HoLEX®-Modell für das Hands-on-Prototyping zum Download

3.1.2 Das Toolkit (2) – Games and more

Im Folgenden werden in Ergänzung zu Toolkit (1) einfache Möglichkeiten vorgestellt, wie auch du schnell mit ersten Smart-Learning-Elementen in deinem Unternehmen starten kannst. Die folgenden Best-Practice-Beispiele und Tools sollen dich inspirieren, Smart Learning Experiences im eigenen Umfeld auszuprobieren. Im Zentrum von Toolkit (2) stehen insbesondere aktive Lernformen und Spiele, die die jeweiligen Fachinhalte mit Emotionen verbinden und die Erinnerungsfähigkeit nachweislich erhöhen. Die vorgestellten Methoden, Tools oder Templates stehen zum Download als Open Educational Resources (OER) zur Verfügung und werden unter einer CC BY-NC-SA 4.0-Lizenz ausgegeben.

3.1.2.1 Hybride Vernissage

Die Vernissage ist *das* Smart-Learning-Multitalent. Sie ist eine multimodale und höchst flexibel einsetzbare Methode zur selbstgesteuerten Wissensvermittlung. Die Vernissage ist sozusagen eine fachbezogene Ausstellung. Sie besteht aus einzelnen Infografiken, die jeweils ein Kernelement eines Schwerpunktthemas erläutern. Die Infografiken können mit entsprechenden Tools entweder von FachexpertInnen oder auch von den Lernenden schnell und einfach erstellt werden. Die hybride Vernissage umfasst ca. 10 bis 15 Exponate/Infografiken, die mit digitalen Zusatzinhalten angereichert werden können. Je nachdem, ob die Vernissage on-site, digital oder virtuell eingesetzt werden soll, müssen die Infografiken entweder ausgedruckt und auf Boards gepinnt, als interaktives PDF z. B. in Miro eingebunden oder als interaktive 3D-Ausstellung im Metaverse platziert werden. Hybrid ist sie deswegen, weil Online- und Offline-Lernen fließend ineinander übergehen. Die Vernissage kann on-site mittels AR-App mit digitalen Zusatzinhalten angereichert werden. Falls keine AR-App zur Verfügung steht, können auch QR-Codes verwendet werden. Die Zusatzinformationen können 2D-Inhalte wie Videos oder auch 3D-Inhalte wie z. B. Moleküle o. Ä. enthalten. Gleiches ist beim Einsatz als PDF möglich, indem Weblinks oder auch QR-Codes für 3D-Inhalte eingebunden werden.

Ziel
Aktivierende und selbstgesteuerte Wissensvermittlung

Zielgruppe
Alle Personen, die sich für Smart Learning interessieren

Rahmung und Kontext
Die hybride Vernissage kann sehr flexibel in unterschiedlichen Kontexten und Formaten eingesetzt werden. Sie eignet sich sehr gut für Innovationsworkshops wie Design Sprints oder kann in einem Train-the-Trainer-Setting wie zum Beispiel einer Masterclass oder einem Facilitator-Training (on-site, digital, hybrid, virtuell) angewendet werden. Darüber hinaus eignet sie sich auch für selbstgesteuerte Lernphasen, beispielsweise im Rahmen eines Online-Kurses oder auch für offene Settings mit einer hohen Anzahl von Lernenden wie z. B. einem Barcamp. Ein Barcamp (auch »Unkonferenz« genannt) ist eine offene Tagung mit offenen Workshops, deren Inhalte und Ablauf von den TeilnehmerInnen (die dann »TeilgeberInnen« genannt werden) zu Beginn der Tagung selbst entwickelt und im weiteren Verlauf gestaltet werden. Barcamps dienen dem Austausch und der Diskussion.

Vorteile
Die hybride Vernissage weist mehrere Vorteile auf, weshalb ich sie auch unbedingt als neuen Smart-Learning-»Standard« in jeglichen Lehr-/Lernkontexten empfehlen möchte:

1. Die passive Wissensvermittlung, die üblicherweise durch aufgezeichnete Video-Lectures oder Vorträge erfolgt, kann in eine aktive und selbstgesteuerte Lernerfahrung transformiert bzw. dadurch ergänzt werden.
2. In Kombination mit Leitfragen durchlaufen die Lernenden zielorientiert individuelle Learning Journeys in eigenem Tempo und können ihre Ergebnisse schriftlich festhalten.
3. Die Vernissage ermöglicht adaptives Lernen ohne aufwendige und kostenintensive Infrastruktur wie ITS (Intelligent Tutoring Systems) oder DSGVO-konforme Learning Analytics, da die Lernenden ihre Interaktion mit den Lerninhalten je nach Vorwissen und Interesse selbst steuern können. Sie rufen nur dort Zusatzinformationen auf, wo Bedarf besteht und an Vorwissen angeknüpft werden kann.
4. Die Vernissage kann in Präsenz, digital, hybrid oder auch virtuell stattfinden und ist aus diesem Grund superflexibel und skalierbar. Die Vernissage ist quasi das Smart-Learning-Allround-Talent. Sie kann in einem Präsenzformat verwendet

werden, für das die Infografiken auf A0- oder A1-Poster ausgedruckt und auf (rollbaren) Boards im physischen Raum arrangiert werden. Digitale Zusatzinformationen zu Videos, Websites, 3D-Objekten oder auch interaktiven Einheiten wie z. B. zu Mentimeter oder Learning Snacks werden mit einfachen QR-Codes nachträglich auf die Poster gepinnt. Man könnte die QR-Codes auch auf die Poster direkt drucken, also in die Infografik einbinden, allerdings ist der Code dann nicht mehr so schnell anpassbar (Vorteil von AR).

Wenn der QR-Code auf das Poster gepinnt wird, können immer wieder unterschiedliche Zusatzinformationen darauf arrangiert werden. Wenn man die Möglichkeit hat, ein AR-Tool zu nutzen, ist es noch smarter, da man die augmentierten Inhalte über ein CMS schnell und flexibel anpassen kann (auch für unterschiedliche Zielgruppen/Niveaus).

Neben dem Einsatz in einem F2F-Setting kann die Vernissage auch als reiner Online-Content zur Verfügung gestellt werden, z. B. als PDF. Dort können anstatt QR-Codes die entsprechenden Links hinterlegt werden.

Und last, but not least kann die hybride Vernissage in einem Metaverse-Setting verwendet werden, also in einer virtuellen Ausstellung, die in einer 3D-oder VR-Lernlandschaft exploriert werden kann (vgl. Kapitel 2.2.5). Im besten Fall werden alle Formen (on-site, digital, hybrid, virtuell) miteinander verbunden, z. B. auch mit dem AR-Portal (vgl. Kapitel 2.2.5.1), um größtmögliche didaktische Vielfalt zu ermöglichen.

5. Die hybride Vernissage erfüllt alle Anforderungen effektiven Lernens. Immersive, aktive sowie hochkonzentrierte, selbstgesteuerte Lernerfahrungen werden durch die Kombination aus Bewegung, Atmosphäre, zielgerichteten Leitfragen und der Anreicherung durch digitale Zusatzinformationen (auch in und mit 3D-Welten) ermöglicht. Darüber hinaus fördert die visuell-räumliche Verortung (physisch, hybrid oder virtuell) das Verankern der Inhalte und unterstützt das Erinnerungsvermögen. Eine kollaborative Reflexions- und Präsentationsphase rundet das methodische Vorgehen am Ende perfekt ab. Sofern die Lernenden die Infografiken beispielsweise im Rahmen ihrer Aus- und Weiterbildung selbst gestalten, ist es didaktisch gesehen doppelt so wirksam, da so auch Peer-Review-Verfahren integriert werden können, die über die Vermittlung von reinem Fachwissen hinausgehen und Future Skills wie Digital Literacy, Teamfähigkeit und Kreativität ausbilden.

Benötigte Ressourcen (Minimum)

- Tool zur Erstellung von Infografiken (z. B. Canva, Easelly u. a.)
- Tool zur Erstellung von QR-Codes (z. B. qrcodemonkey u. a.)
- Tool zur Erstellung von interaktiven Umfragen (z. B. Mentimeter u. a.)

Optionale Ressourcen (Optimum)

- Tool zur Erstellung von AR-Inhalten (z. B. rooomAR, 3DQR, BlippAR u. a.)
- Tool zur Erstellung von 3D-Objekten (z. B. Paint 3D, CoSpaces, Blender u. a.)

Gruppengröße

Die Gruppengröße variiert je nach Format. Grundsätzlich ist eine unbegrenzte Skalierung durch die Erweiterung in digitale und virtuelle Ausstellungsräume möglich.

Dauer

Auch die Dauer variiert je nach Format, Lernziel und Anzahl der Teilnehmenden. In einem Präsenzformat sollte man für ca. 15 Exponate ca. 70 bis 90 Minuten einplanen.

Vorbereitung und Ablauf

- Festlegen von Lerninhalten und Lernzielen
- Identifizieren und Auswählen der Tools
- Erstellung der Infografiken
- Recherche und Auswahl der Zusatzinformationen inkl. Erstellung entsprechender Verknüpfungen als Links, QR-Codes oder AR-Inhalte
- Erstellung interaktiver Einheiten
- Erstellung dreidimensionaler Objekte (optional)
- Verknüpfung mit dem Metaverse (optional)

Durchführung (exemplarisch an einem On-Site-Setting)

- Die Teilnehmenden erhalten eine kurze Einführung zu Ablauf und Zielstellung der Vernissage.
- Anschließend bekommen sie eine Übersichtskarte zu allen Infografiken und ca. drei bis fünf Leitfragen auf einem Klemmbrett, mit denen sie zielorientiert durch die Ausstellung gehen und nach Antworten suchen sollen.
- Die Teilnehmenden müssen anhand der Übersichtskarte selbst herausfinden, welche der Infografiken für die Fragen relevant sein könnten.
- Die Teilnehmenden schauen sich die Stellwände in Ruhe an, lesen sich die Inhalte durch und rufen bei Bedarf die zusätzlich hinterlegten Inhalte über die angepinnten QR-Codes auf. Fragen, Anmerkungen und Ergebnisse können auf dem Klemmbrett notiert werden.
- Die Teilnehmenden füllen eine interaktive Umfrage an einer der Stellwände aus.
- Time to reflect: Alle stellen ihre Ergebnisse mithilfe der Mitschriften auf dem Klemmbrett kurz im Plenum vor. Die jeweiligen Key Learnings werden verglichen, diskutiert und vertieft.

Moderations- und Reflexionsfragen

- Wie ist es euch ergangen?
- Was ist euch besonders in Erinnerung geblieben?
- An welchen Stellen hattet ihr noch Fragen?
- Was sind eure Key Learnings?

Hybride Vernissage zum Thema Smart Learning zum Download (Open Educational Resources als CC BY-NC-SA 4.0)

3.1.2.2 EDU-Breakouts und SLE-Games

EDU-Breakouts sind kleine Pauseneinheiten, die innerhalb einer synchronen, mehrstündigen Trainingseinheit eingesetzt werden, um den Fokus von intensiven Konzentrationsphasen mehr auf Kollaboration, Austausch und Aktion zu lenken. Ziel ist eine aktivierende Entspannung, die in der Regel nach ruhigen Arbeitsphasen notwendig ist, damit das Energielevel wieder hochgefahren werden kann.

Gamifizierende Lernelemente fördern die Lernwirksamkeit und dienen der nachhaltigen Verankerung von Lerninhalten. Sie sind zudem sehr hilfreich, um Kerninhalte zu wiederholen, was auch dazu führt, das Erinnerungsvermögen gezielt zu stärken. Spiele und Bewegung sind förderlich in vielerlei Hinsicht, da sie motivierend und anregend auf die Lernenden wirken und Körper, Geist und Seele in Balance bringen. Das ist beispielsweise auch nach dem Mittagessen wichtig, um das Denkvermögen wieder in Schwung zu bringen.

In der Regel gibt es für jede Art von Breakout bzw. Spiel ein spezielles Setting im (physischen, digitalen oder virtuellen) Raum. Kognitionspsychologisch werden die impulsiven Spielerfahrungen – mit der körperlichen Bewegung und den individuell erzeugten Bildern im Gehirn – mit den jeweiligen Inhalten verknüpft und im Gehirn verankert. Durch die i. d. R. starke emotionale Aktivität können sich die Teilnehmenden auch viele Jahre später noch daran erinnern.

Ziel

Eine aktivierende Entspannung in längeren Workshops, Wiederholung der Lerninhalte, Abwechslung zwischen ruhigen und aktiven Lernphasen, nachhaltige Verankerung von Lerninhalten.

Zielgruppe und Kontext
Lernende bzw. Teilnehmende eines Workshops, Trainings, Barcamps o.Ä.

Vorteile
Gamifizierung hat folgende Vorteile:
1. Intensive Aktivierung von Körper, Geist und Seele, da nicht nur Wissen abgefragt wird, sondern auch der ganze Körper in Bewegung gebracht wird
2. Motivationssteigerung, da Spiele i.d.R. allen Spaß machen
3. Positive Atmosphäre schaffen
4. Kollaboration und Teamfähigkeit stärken
5. Inhalte wiederholen und nachhaltig im Gehirn verankern
6. Energielevel deutlich anheben

Im Folgenden möchte ich dir vier EDU-Breakouts im Detail vorstellen, die ich alle bereits mehrfach ausprobiert und durchgeführt habe. Das Feedback der Teilnehmenden war so unglaublich positiv, oft auch noch einige Jahre später, dass EDU-Breakouts bzw. auch Serious Games mittlerweile zu einem wichtigen Bestandteil meiner Arbeit geworden sind:
1. QR-Code-Suche
2. 1, 2 oder 3
3. Montagsmaler
4. Escape Game

3.1.2.2.1 QR-Code-Suche
Die QR-Code Suche ist die optimale Methode nach dem Mittagessen, sofern am Vormittag bereits wichtiges Fachwissen vermittelt wurde.

Benötigte Ressourcen
- Text-QR-Code-Generator (kostenfrei über Internet verfügbar)
- Drucker (zum Ausdrucken der QR-Codes)

Gruppengröße
Die Gruppengröße variiert je nach Format. Grundsätzlich ist eine Gruppengröße von max. 20 Teilnehmenden zu empfehlen, da es sonst zu chaotisch werden könnte.

Dauer
Die Dauer variiert ebenfalls je nach Format (virtuell/physisch) und Gruppengröße. In einem Präsenzformat sollte man ca. 15 bis 20 Minuten einplanen.

Vorbereitung und Ablauf
- Festlegen von Sätzen, die erraten werden sollen. Ein Beispiel: »Smart Learning Environments präsentieren dem Lernenden den richtigen Inhalt zur richtigen Zeit

am richtigen Ort«. Pro Gruppe muss ein Satz zur Verfügung stehen. Bei einer Aufteilung in vier Gruppen werden vier Sätze benötigt.

- Festlegen der Gruppenaufteilung. Bei 20 Teilnehmenden wäre eine Aufteilung in vier Gruppen mit je fünf Personen sinnvoll.
- Erstellung der QR-Code-Texte z. B. mit QR-Code-Generator (Einstellung »Text«, nicht URL). Hierbei werden die Sätze jeweils in zehn Bruchstücke unterteilt, sodass im Ergebnis zehn QR-Codes pro Satz entstehen:
  - Smart Learning
  - Environments
  - präsentieren
  - dem Lernenden
  - den richtigen
  - Inhalt
  - zur richtigen
  - Zeit
  - am richtigen
  - Ort
- Die QR-Codes werden anschließend zum Ausdruck vorbereitet und z. B. in eine PowerPoint-Vorlage kopiert. Wichtig: Jeder Satz (mit den jeweiligen zehn QR-Codes) ist einer Farbe zugeordnet. QR-Codes von Satz 1 sind grün umrandet, QR-Codes von Satz 2 sind blau umrandet, QR-Codes von Satz 3 sind orange umrandet und QR-Codes von Satz 4 sind pink umrandet.
- Die 40 farbigen QR-Codes werden ausgeruckt und einzeln ausgeschnitten.
- Die 40 QR-Codes werden in der physischen oder auch virtuellen Umgebung versteckt.

Durchführung (exemplarisch für ein On-Site-Setting)

- Die Teilnehmenden erhalten eine kurze Einführung zu Ablauf und Zielstellung des Spiels.
- Die Gruppen werden zu den jeweiligen Farben in Teams aufgeteilt (z. B. vier Farben, vier Sätze, vier Teams).
- Pro Team dürfen nur ein Smartphone und ein Stift verwendet werden.
- Beim Start dürfen alle Teams ihre jeweiligen QR-Codes suchen. Das Team, das den Satz als Erstes richtig erraten hat, hat gewonnen.

3.1.2.2.2 1, 2 oder 3

Ältere Jahrgänge werden es noch kennen. Das Spiel 1, 2 oder 3 wurde in den 1980er-Jahren im deutschen Fernsehen als Kindersendung ausgestrahlt und von Michael Schanze moderiert. Das Spiel eignet sich sehr gut zum Ausklang eines Workshops, da hier mehr Wissen abgefragt bzw. wiederholt werden kann als beispielsweise bei der QR-Code Suche.

Benötigte Ressourcen

- PowerPoint-Vorlage mit Spielfragen, Animationen und Sound (OER siehe unten)
- Beamer mit Präsentationsmedium
- Goldtaler/Münzen

Gruppengröße

Die Gruppengröße variiert je nach Format. Grundsätzlich ist eine Gruppengröße von max. 15 Teilnehmenden zu empfehlen, da es sonst zu chaotisch werden könnte.

Dauer

Auch die Dauer variiert je nach Format (virtuell/physisch) und Gruppengröße. In einem Präsenzformat sollte man ca. 30 Minuten einplanen.

Vorbereitung und Ablauf

- Definition von ca. 10 bis 15 Wissensfragen
- Zusammenstellung des Spiels in PowerPoint
- Drei Flächen (jeweils ca. 200 cm × 80 cm) mit Tape Art/Klebeband vor der Beamer-Präsentationsfläche auf dem Boden mit »1«, »2« und »3« visualisieren
- goldene Taler besorgen (z. B. aus Schokolade)
- Gläser mit Namen der Teilnehmenden beschriften

Durchführung (exemplarisch für ein On-Site-Setting)

- Die Teilnehmenden erhalten eine kurze Einführung zu Ablauf und Zielstellung des Spiels.
- Alle Teilnehmenden erhalten jeweils ein Glas, in dem die Münzen gesammelt werden können.
- Das Licht wird ausgeschaltet.
- Die Moderation startet die PowerPoint-Präsentation und liest die erste Frage laut vor.
- Anschließend startet die in PowerPoint integrierte Musik und die Teilnehmenden müssen sich innerhalb weniger Sekunden für die richtige Antwort entscheiden.
- Die Teilnehmenden springen auf das jeweilige »Tape-Art«-Feld, das für ihre Antwort steht.
- Durch ein entsprechendes Signal mit Animation wird die richtige Antwort in der PowerPoint angezeigt.
- Alle Teilnehmenden, die auf dem richtigen Feld standen, dürfen eine Münze in ihr Glas werfen.
- Wer am Ende des Spiels die meisten Münzen gesammelt hat, hat gewonnen.

Die PowerPoint-Datei darf gern als Vorlage verwendet werden. Du musst lediglich die Fragen an das entsprechende Thema anpassen.

Das Spiel »1, 2 oder 3« als PowerPoint-Vorlage zum Download

3.1.2.2.3 Montagsmaler

»Montagsmaler« ist ebenfalls ein Klassiker unter den Spielen. Ziel ist es, Begriffe so zu malen, dass das eigene Team sie erraten kann. Dieses Spiel eignet sich am besten nach dem Mittagessen, wenn alle etwas träge und müde sind. Anschließend sind alle energiegeladen und können frisch motiviert in die zweite Tageshälfte starten. Bei Montagsmaler geht es weniger um Wissensabfrage bzw. Wiederholung, eher um eine positive Aktivierung und Teamentwicklung.

Benötigte Ressourcen

- Begriffe
- Präsentationsmedium (Smart Board, Flipchart, Whiteboard o.Ä.)
- ggf. dicke Filzstifte

Gruppengröße

Die Gruppengröße variiert je nach Format. Grundsätzlich ist eine Gruppengröße von max. 15 Teilnehmenden zu empfehlen, da es sonst zu chaotisch werden könnte.

Dauer

Auch die Dauer variiert je nach Format (virtuell/physisch) und Gruppengröße. In einem Präsenzformat sollte man ca. 10 bis 15 Minuten einplanen.

Vorbereitung und Ablauf

- möglichst viele Begriffe auf Zettel schreiben, falten und in eine Box legen
- Definition der Spieldauer pro Runde
- Einteilung in zwei Gruppen

Durchführung (exemplarisch für ein On-Site-Setting)

- Die Teilnehmenden erhalten eine kurze Einführung zu Ablauf und Zielstellung des Spiels.
- Die erste Gruppe beginnt und zieht den ersten Zettel mit dem Begriff aus der Box.
- Innerhalb der definierten Zeitspanne (z.B. zwei Minuten) wird versucht, den Begriff so zu malen, dass die jeweilige Gruppe diesen errät.
- Die Malenden dürfen dabei außer »Ja« und »Nein« nicht sprechen.
- Wird der Begriff vom eigenen Team erraten, darf der nächste Zettel gezogen und dieser gemalt werden. Das geht so lange, bis die zwei Minuten vorbei sind.
- Dann ist die andere Gruppe an der Reihe.
- Das Team, das die meisten Begriffe erraten hat, hat gewonnen.

3.1.2.2.4 Escape Game

Escape Games gehören zu den neueren Spiel-Genres. Es handelt sich dabei um ein Adventure-Spiel, bei dem es darum geht, Rätsel zu lösen, um mit der Lösung den Ausweg aus einem Raum (physisch, digital oder virtuell) zu finden. Beim Lösen der Aufgaben können Lerninhalte wiederholt, abgefragt und angewendet werden. Escape Games haben also einen größeren Impact im Hinblick auf Wissenstransfer und Lernwirksamkeit im Vergleich zu den anderen Spielen, sind aber dafür auch mit viel mehr Aufwand bzw. Kosten verbunden. Gespielt wird meistens im Team, es kann aber auch allein gespielt werden.

Die Konzeption, Entwicklung und Produktion eines Escape Games ist mit einem hohen einmaligen Aufwand verbunden. Es gibt mittlerweile aber viele Agenturen, die sich auf Escape-Game-Konzeption und -Durchführung spezialisiert haben. Im Internet findet man zudem viele Hinweise für Hands-on- und Do-it-yourself-Games.

Meine Empfehlung wäre, WerkstudentInnen aus dem Bereich »Game Design« o.Ä. einzustellen, die dann mit der Konzeption und Umsetzung von unternehmenseigenen Escape Games betraut werden. Auf diese Weise habe ich bei Bosch erste Games im Team selbst entwickeln lassen.

Wenn man einmal ein gutes Konzept entwickelt hat, können die Inhalte angepasst und für weitere Fachthemen modifiziert werden. Wir hatten beispielsweise ein sehr komplexes Escape Game zum Thema Smart Learning entwickelt, das ich nachfolgend nur grob skizzieren werde. Denkbar wären aber auch Standardtrainings zu Themen wie Compliance o.Ä.

Benötigte Ressourcen

- Externe Game-Design-Agentur oder internes Personal zur Game-Entwicklung (ca. zwei bis vier Wochen in Vollzeit für Konzeption, Produktion, Testing, Modifikation, Roll-out)

- Budget für Agentur bzw. Materialien (Schlösser, Taschenlampen, Batterien, Schwarzlicht etc.)
- Testgruppe

Gruppengröße

Die Gruppengröße variiert je nach Format, also ob physisch, digital oder virtuell. Grundsätzlich ist eine Gruppengröße zwischen sechs und zehn SpielerInnen zu empfehlen.

Dauer

Die Dauer variiert ebenfalls je nach Format und Gruppengröße. In einem Präsenzformat sollte man ca. 45 Minuten für das Spiel und ca. 15 Minuten zur Reflexion einplanen.

Vorbereitung und Ablauf

- Konzeption der Aufgaben und des Spielablaufs
- Produktion der Materialien
- Durchführung mit einer Testgruppe
- Feedback von der Testgruppe einarbeiten und ggf. manche Aufgaben und Rätsel im Schwierigkeitsgrad modifizieren

Verwendete Materialien für die Rätsel

- diverse Schlösser
- Schlüsselkasten
- Magnete, Faden
- Merge-Cube-Ausdruck (zum Basteln)
- Schere, Tesa
- Goldmünze
- Tablet mit CoSpaces-Edu-App
- Schwarzlicht-Taschenlampe
- HoLEX®-Cards und HoLEX®-Framework
- Plakat mit 30 Erfolgsfaktoren
- diverse QR-Codes
- ferngesteuerter Truck
- Notknopf aus Pappe
- Mülleimer (wasserdicht)
- Check-in-/Check-out-Slides
- Vase mit Blume und Wasser
- Lego
- Timer

Rätsel-Templates für Escape Games, u. a. mit Labyrinth-Maker, Puzzle-Maker, Morse-Codes, Geheimschriften u. v. m.

Durchführung (exemplarisch für ein On-Site-Setting)

- Die Teilnehmenden erhalten eine kurze Einführung zu Ablauf und Zielstellung des Spiels anhand der Check-in-Slide.
- Der Timer wird auf 40 Minuten eingestellt.
- Innerhalb der definierten Zeitspanne muss das Team alle Rätsel lösen, um sich aus dem Raum befreien zu können.
- Kommt das Team gar nicht weiter, können drei Hinweise als »Joker« eingesetzt werden.
- Kann das Team innerhalb der 40 Minuten alle Rätsel lösen, ist der finale Code geknackt und die Tür lässt sich öffnen. Das Team hat gewonnen.
- Kann das Team innerhalb der 40 Minuten nicht alle Rätsel lösen, auch nicht mit den Hinweisen, hat das Team verloren.

40 Minuten Escape Game in 24 Sekunden

Hybride Nutzung von Escape Games
Escape Games bieten die typischen Vorteile gamifizierter Lernmethoden. Darüber hinaus können sie sehr gut in Online-Settings angewendet werden. In digitalisierter Form (als 2D-Online-Game oder auch als virtuelles 3D-Game) sind die Spiele skalierbar und lassen sich für unterschiedliche Gruppen schnell anpassen und modifizieren.

Darüber hinaus ist der Effekt im Hinblick auf die Teamentwicklung und die Teamfähigkeit größer, da das Spiel länger dauert und es einige Probleme gibt, die nur im Team gelöst werden können. Escape Games eignen sich also nicht nur im Kontext der Wiederholung und Verankerung von Lerninhalten, sondern z. B. auch für reine Teamentwicklungsworkshops. Sie lassen sich auch wunderbar mit Live-Online-Trainings kombinieren, um hier eine gewisse Aktivität und didaktische Vielfalt zu erzeugen.

Ich habe erst vor Kurzem ein Live-Online-Training auf der Smart Learning Island mit einem virtuellen 3D-Escape-Game mit Fokus auf Teamentwicklung kombiniert. In virtuellen Welten stellt man einfach entsprechende Symbole (z. B. einen Weihnachtsmann) oder auch Portale in der 3D-Welt auf (vgl. Kapitel 2.2.5.1), um so in einen anderen »Raum« bzw. zum Spiel zu springen.

Visuelle Impressionen zu EDU-Breakouts und SLE-Games
Spiele zu beschreiben ist nicht einfach. Die Atmosphäre und die Emotionen, die dabei entstehen, lassen sich einfach schwer in Worte fassen. Wie heißt es so schön: Ein Bild sagt mehr als tausend Worte. Und da ich es liebe, »Magic Moments of Learning« einzufangen, habe ich für dich eine Fotokollektion zu all den oben beschriebenen Spielen zusammengestellt.

Damit fällt es auch leichter, die beschriebenen Methoden zu verstehen und ähnliche Szenarien im eigenen Unternehmen umzusetzen.

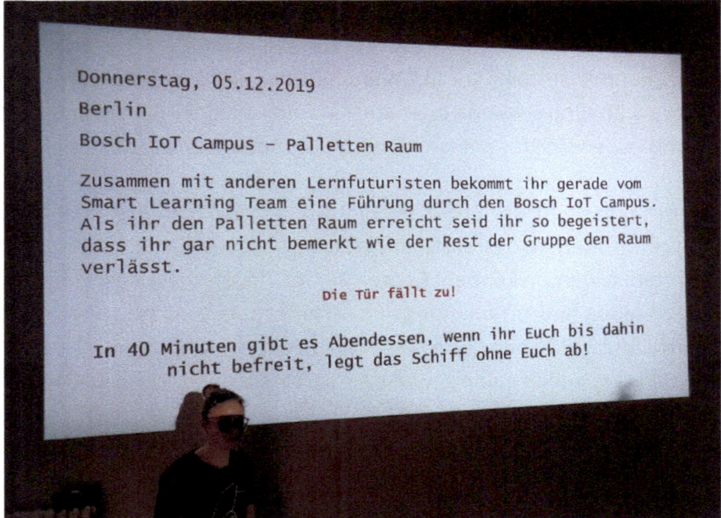

Magic Moments of Learning: EDU Breakout Impressions

3.1.2.3 AR-Sticker

Das Schöne an neuen Technologien wie AR ist, dass man komplett neue Lehr- und Lernformate entwickeln kann. Die AR-Sticker basieren auf dem Trend, dass viele Mitarbeitende ihr Notebook mit Aufklebern schmücken. Die Aufkleber vermitteln Statements, symbolisieren Sichtweisen oder verkörpern Marken, sind also Teil des Employer Branding.

Im Kontext der Personalentwicklung bzw. des lebenslangen Lernens am Arbeitsplatz ist der AR-Sticker eine wunderbare Möglichkeit, um Bildungsmarketing zu betreiben, das vielfach unterschätzt wird. Wie werden Mitarbeitende auf neue Lehr- und Lernangebote im Unternehmen aufmerksam? Oftmals wissen die Mitarbeitenden gar nicht, was die Unternehmen anbieten, da die Informationen in Newslettern untergehen oder im Intranet schlecht gefunden werden. Bei Bosch gab es beispielsweise eine sehr umfassende, allgegenwärtige Kampagne mit dem Claim #Like A Bosch. Dazu gab es Videos, Buttons, Beutel, Sticker und vieles mehr.

Die Idee der AR-Sticker basiert auf solchen unternehmensweiten Kampagnen. Es werden Aufkleber zu unterschiedlichen Themenfeldern, Units oder Ähnlichem konzipiert, die dann auf den Notebooks der Mitarbeitenden angebracht und zum AR-Newsletter umfunktioniert werden. Die Ausgabearten sind dabei ebenso vielfältig wie die Einsatzzwecke.

Ziel

Das Ziel besteht in der Vermittlung von Key Messages oder unternehmensweiten Informationen über einen oder mehrere AR-Sticker, die auf dem Notebook der Mitarbeitenden angebracht werden.

Zielgruppe und Kontext

Lernende bzw. alle Mitarbeitenden einer Organisation

Vorteile

Die AR-Sticker können in Verbindung mit einer AR-App und einem Content-Management-System kontinuierlich neue Informationen vermitteln. In einem regelmäßigen Format können prägende Botschaften als Videobotschaft, als Podcast oder auch als 3D-Hologramm ausgespielt werden. Diese »Magic Moments of Learning« werden so nachhaltig in Erinnerung bleiben. Die AR-Sticker verfügen im Vergleich zu QR-Codes über folgende Vorteile:

1. Relevante Botschaften der internen Unternehmenskommunikation (Marke, Werte, Vision, Mission) können an ein visuelles Objekt auf dem Sticker geknüpft werden. Damit kann das Employer Branding gestärkt und mit Lerninhalten verbunden werden.
2. Der Sticker bleibt immer eindeutig und stabil (wichtig für das Employer Branding), aber die ausgegebenen Inhalte verändern sich regelmäßig, indem die Marker mit immer neuen Inhalten und Kampagnen verknüpft werden.
3. Unternehmensinterne Podcast-Reihen, Videoformate o.Ä. können regelmäßig über einen spezifischen AR-Sticker abgerufen werden.
4. Durch die Einbindung von User-generated Content werden die jeweils augmentierten Inhalte für die Mitarbeitenden spannend und als relevant eingestuft. Es handelt sich eben nicht nur um die Botschaft vom Vorstand, sondern auch um die Arbeitswelten und Sichtweisen der Mitarbeitenden, die in diesen regelmäßig wechselnden Formaten sichtbar werden können.

Benötigte Ressourcen und Ablauf

- Konzeption eines unternehmensweiten oder abteilungsübergreifenden AR-Stickers als Aspekt des Bildungsmarketings im Rahmen der Unternehmenskommunikation
- unternehmensinterne Redaktion zu AR-Sticker-Inhalten (z.B. Marketing-Abteilung)
- Marker-basierte AR-App inkl. Content-Management-System (Empfehlung als White-Label-Lösung)
- Planung, Produktion und Durchführung der Kampagnen (beispielsweise einmal pro Monat)

Gruppengröße

AR-Sticker lassen sich wunderbar skalieren. Sofern die Einführung an eine Kommunikationskampagne gekoppelt ist, werden alle Mitarbeitenden im Kontext spezifischer PR- und Brand-Kampagnen über die AR-Sticker informiert. Wichtig ist, dass die in AR ausgespielten Inhalte die Werte des Unternehmens und auch die Persönlichkeiten der Mitarbeitenden repräsentieren. Es sollten lebendige Geschichten aus dem Arbeitsalltag sein, die hautnah miterlebt werden können.

Die Sticker sind dabei nur ein Element von mehreren. Wie das Ganze funktioniert, kannst du dir in folgendem Video ansehen. Scanne dazu einfach den QR-Code.

AR-Sticker als Newsletter umfunktioniert

3.1.2.4 Zusammenfassung

Es gibt unendlich viele Möglichkeiten, wie man Smart Learning Environments gestalten und passive Wissensvermittlung in eine aktive Lernerfahrung transformieren kann. Welche einzelnen Methoden, Tools und Templates dabei hilfreich sein können, wurde in diesem Abschnitt vorgestellt. Ich hoffe, da waren Ansätze dabei, die auch dich inspiriert haben, das eine oder andere in der Praxis einmal auszuprobieren.

Darüber hinaus gibt es aber natürlich weit mehr Ideen und Möglichkeiten, als hier dargestellt werden können. Deshalb möchte ich dich anregen, deine Gedanken in der Community zu teilen oder sogar weitere Methoden bzw. Materialien mit uns allen zu entwickeln.

Wir haben alle eine Mission: Create experiences – not lessons. Scanne den QR-Code und werde Teil unserer Online-Community auf LinkedIn (hierfür ist ein LinkedIn-Account notwendig). Diskutiere mit anderen LeserInnen über Tools und Methoden und teile deine Erfahrungen.

Ich freue mich, dich dort begrüßen zu dürfen.

3.1.3 Das Toolkit (3) – Formate für Co-Creation

Im letzten Abschnitt werden alle bisherigen Erkenntnisse aus dem Buch zusammengeführt. Auf der Basis wissenschaftlicher Studien sowie aufbauend auf dem Smart Learning Toolkit werden nun Formate vorgestellt, die dazu geeignet sind, Smart Learning Environments in Co-Creation mit den Lernenden gemeinsam zu entwickeln. Hier siehst du Best-Practice-Beispiele dafür, wie zeitgemäßes Lernen in Unternehmen aussehen und betriebliche Weiterbildung generell innovativer gestaltet und ko-kreiert werden kann.

Wie bereits mehrfach erwähnt, liegt die »Smart-Learning-Gestaltungskunst« in einer Balance aus Instruktion und Konstruktion. Es geht darum, eine didaktisch nachhaltige Learning Journey aus einzelnen Elementen zusammenzustellen und so aufeinander abzustimmen, dass für die Lernenden eine Lernumgebung entsteht, in der sie sich maximal entfalten und den größtmöglichen Lerneffekt erzielen können.

Was alle Formate gemeinsam haben, ist Co-Creation.

Warum? Ich habe in den letzten Jahren viele Bildungsprojekte erlebt. Als lernende Mitarbeiterin, als Beobachterin, als Gestalterin und als Beraterin. Bildungsprojekte gehen sehr oft einher mit Organisationsentwicklung. Das bedeutet, dass Kultur-, Struktur- und sonstige Change-Prozesse mit den Bildungsprojekten verwoben sind. Man kann Personal- und Organisationsentwicklung nur bedingt trennen, da sie aufeinander Einfluss haben (vgl. Kapitel 3.1.1.1).

Herausforderungen der Personalentwicklung

Betriebliche Professionalisierungs- und Weiterbildungsprogramme bauen auf gewachsenen sozialen Beziehungen und Organisationsstrukturen auf. In den Unternehmen gibt es vielschichtige Herausforderungen. Kommunikationsprobleme, Komplexität in der Personal-, Organisations- und Angebotsentwicklung, der Umgang mit schwierigen Mitarbeitenden oder mit Konflikten, Diversity und Inklusion, Leadership Skills, Changemanagement, Stressmanagement, Recruiting, Onboarding, Karriereplanung und viele andere Themen erscheinen als die wirklich relevanten Inhalte, mit denen die Mitarbeitenden tagtäglich konfrontiert werden.

Deshalb ist es wichtig, die Menschen bei der Gestaltung von Smart Learning Environments genau an diesen Punkten gut zu verstehen. Man muss wissen, welche Themen aktuell wichtig sind und an welchen Punkten es zu Spannungen kommen könnte. Ein bunter Methodenkoffer allein reicht da nicht aus. Es kann noch so viele »Magic Moments of Learning« geben – wenn die Struktur nicht stimmt, dann hat auch Smart Learning keinen Sinn. Daher ist es wichtig, im Rahmen der Reifegradanalyse immer zunächst die erste Dimension genau zu analysieren. Sofern im Ergebnis ein Durchschnittwert unter 4 identifiziert wird, sollte man zunächst auf die Entwicklung von Smart Learning Environments verzichten und sich vorerst um lernförderliche Strukturen im Unternehmen kümmern.

Im Laufe der Jahre habe ich oft die Erfahrung gemacht, dass selbst groß angelegte Bildungsprojekte genau an solchen Rahmenbedingungen scheitern. Die Gründe hierfür waren meistens die gleichen:

Organisationsstrukturen

- Es ist keine Kultur des Lernens vorhanden, weil Lernen im Vergleich zu anderen operativen Aufgaben (oder Zielen) niedriger priorisiert wird.
- Es fehlen Strukturen, die das Lernen strategisch fördern.
- Im schlimmsten Fall blockieren systemische Barrieren das Lernen unmittelbar.

Passung

- Lernformate, die nach dem Gießkannenprinzip entwickelt und distribuiert werden, passen oft nicht zu dem, was gebraucht wird.
- Der Bezug zum aktuellen oder zukünftigen Arbeitsumfeld ist nur gering ausgeprägt.
- Unterschiedliche Bedarfe und Präferenzen werden nicht berücksichtigt.

Motivation

- Lernen wird von außen »gemanagt«, Lernziele werden durch die Führungskraft vorgegeben. Damit fehlt die intrinsische Motivation, die für erfolgreiches Lernen unabdingbar ist.
- Lernen »auf Knopfdruck« funktioniert nicht.
- Lernen macht keinen Spaß und wird als »Pflichtprogramm« wahrgenommen.
- Es fehlen Anreizsysteme, die das selbstgesteuerte, lebenslange Lernen kontinuierlich fördern.

Ich möchte mir nicht anmaßen, eine Expertin für Organisationsentwicklung zu sein. Aber ich habe mir in den letzten Jahren ein paar wenige, aber sehr relevante Gestaltungsprinzipien angeeignet, um mit dieser Herausforderung zwischen Personal- und Organisationsentwicklung besser umgehen zu können. Diese Prinzipien setze ich auch konsequent in allen Formaten um.

1. Betroffene zu Gestaltern machen und Co-Creation umsetzen
2. Lösungsoffenheit gewährleisten und Lernformate iterativ entwickeln
3. Organisationale Strukturen mitdenken und entsprechende Stakeholder involvieren

Co-Creation mit Prototyping & Co.

Ich bin davon überzeugt, dass oben genannte Probleme durch partizipative Ansätze wie Co-Creation überwunden werden können. In den letzten Jahren habe ich so viele unterschiedliche Formen von Co-Creation entwickelt und als Facilitator begleitet, dass ich 100%ig bestätigen kann, dass Motivation und Passung auf allen Ebenen verbessert werden können. Der Gastbeitrag von Andrea und Moritz haben hier eine wunderbare Grundlage in Designtheorie und Praxis (scanne dazu den QR-Code in Kapitel 2.2.7) gelegt, die im Folgenden aufgegriffen und mit Beispielen näher erläutert wird.

Eine besondere Methode in kokreativen Settings ist das Prototyping. Jeder kennt Playmobilfiguren oder auch Legosteine aus der Kindheit. Was Kinder fasziniert, kann auch bei Erwachsenen sinnvoll eingesetzt werden. Ich muss gestehen, dass ich als Kind kaum mit Lego oder Playmobil gespielt habe. Aber wenn ich meinen Sohn beobachte, mit welcher Hingabe und enormen Konzentration er über Stunden (!) hinweg seine Modelle und Figuren baut, bin ich absolut sprachlos.

Ähnliches habe ich auch bei Erwachsenen erlebt. Prototyping ist eine wunderbare Methode, um in einen Flow-Zustand zu gelangen. Das »Flow-Konzept« geht zurück auf Mihály Csíkszentmihályi, der 1975 das Flow-Erleben im Sinne einer hoch konzentrierten, schöpferischen Leidenschaft der Menschen beschrieben hat. Neben diesem sehr produktiven Flow-Zustand konnte ich aber auch beobachten, dass sich die Erwachsenen über das zu prototypende Thema differenzierter austauschen konnten, als wenn es bei einer theoretischen Diskussion geblieben wäre.

Über das Prototyping wird einem bestimmten Thema eine Struktur gegeben. Formen, Farben und Zusammenhänge können arrangiert und diskutiert werden. Abstrakte theoretische Konstrukte können geformt und gemeinsam aus allen Perspektiven betrachtet werden.

Zudem fördern unterschiedliche Materialien und Aufgabenstellungen die Kreativität. Dinge, die noch keinen Namen haben, erhalten Namen aus Wortschöpfungen, die bisher noch niemand gehört hat. All dies führt in der Kombination zu aktivem Analysieren und Nachdenken, Spaß, emotional verankerten Erinnerungen, Sinnerleben und überaus viel Motivation. Das Verstehen und tiefe Durchdringen komplexer Sachverhalte kann mit Prototyping eindeutig gefördert werden. Die Visualisierung in Form und Farbe ist daher ein wesentliches Element all der folgenden Smart-Learning-Formate.

Deshalb gibt es anbei eine weitere Fotokollektion mit unterschiedlichen Prototyping-Beispielen, die innerhalb der Co-Creation-Formate in diversen Projekten und Kundenkonstellationen angewendet wurden. Mein Sohn wollte unbedingt auch einen Beitrag zu meinem Buch leisten. Deshalb hat er bunte Modelle gebaut. Danke, mein Schatz!

Magic Moments of Learning: Prototyping Impressions (Quelle: Alec Freigang)

Im Folgenden werden konkrete Beispiele für kombinierte Smart Learning Experiences beschrieben, die über die Jahre hinweg kontinuierlich verbessert wurden. Dabei werden alle in den Kapiteln 3.1.1 und 3.1.2 einzeln erläuterten Methoden und Tools in einen Zusammenhang gebracht.

Die Formate werden dabei eher überblicksartig beschrieben, daher empfehle ich, die jeweils beigefügten Fotokollektionen abzurufen, da die Formate so am besten greifbar werden.

3.1.3.1 Smart Learning Community

Das gemeinsame Lernen wurde in der Vergangenheit vor allem an (Hoch-)Schulen sehr oft vernachlässigt, da es in der Regel nur wenige teambasierte Projektarbeiten gibt. Im Gegensatz dazu erleben wir im Bereich Corporate Learning derzeit einen regelrechten Hype an Communities und Peer-Learning-Formaten. Das ist auch gut so, denn gerade im Corporate Learning bietet das Lernen im Tandem, in kleinen Gruppen oder großen (unternehmensübergreifenden) Communities extrem viele Vorteile. Da diese Vorteile überwiegend bekannt sind, möchte ich im Folgenden nur kurz darauf eingehen.

Mehrwerte des Community-basierten Lernens

Zusammengefasst kann man es auf diese Formel reduzieren: In Communities ist man nie allein. Es gibt immer Menschen, die an ähnlichen Themen oder Zielstellungen arbeiten oder die gleichen Probleme haben. Mitglieder einer Community agieren auf

Augenhöhe und fungieren wunderbar als Sparringspartner. Man hilft und motiviert sich gegenseitig beim lebenslangen Lernen. Vor allem der regelmäßige Austausch über aktuelle Probleme und Erfahrungen hilft beim Transfer theoretischer Konzepte in den Arbeitsalltag und inspiriert die Menschen nachhaltig.

Genau das war der Grund, warum ich die Smart Learning Community gegründet habe.

Über die Fotokollektion freuen sich wahrscheinlich überwiegend die Smart Learning Pirates, also die Mitglieder der Smart Learning Community, die gerade dieses Buch in Händen halten. Ahoi! Schön, dich hier wiederzusehen!

Die Bilder drücken eine menschliche Verbundenheit aus, die über gießkannenprinzipartige E-Learnings nicht erreicht werden kann.

Eine Community erzeugt eine tiefe Verbundenheit zwischen Menschen, die sich gegenseitig unterstützen und inspirieren.

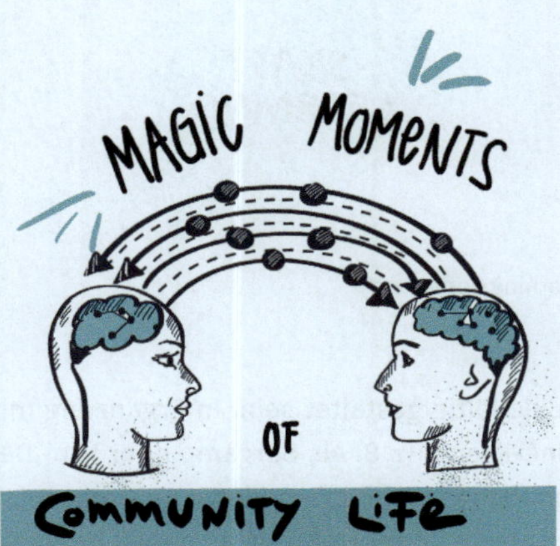

Magic Moments of Learning: Community Impressions

Menschen sind sensible Wesen. Menschen sind komplex. Menschen sind anspruchsvoll. Sie möchten entsprechend behandelt und nicht »abgefertigt« werden. Zu Recht.

Insofern war es das Ziel der Smart Learning Community, ein (ressourcenschonendes) Format anzubieten, mit dem man sich all die Kompetenzen selbstgesteuert aneignen kann, die man benötigt, um Smart Learning in der Praxis anzuwenden. Deshalb unterscheidet sich die Smart Learning Community vielleicht ein wenig von anderen, da es ein »fachliches Oberthema« inklusive Online-Kurs mit 24 Lernmodulen gibt. Eigentlich könnte man auch sagen, dass es ein Lernprogramm auf der Basis einer Community ist, das in dieser Form als Blaupause für zeitgemäßes Lernen in Organisationen angesehen werden kann.

Der Vorteil einer Community ist: Bei klassischen E-Learning-Formaten fehlt oft der Peer-Learning-Gedanke, obwohl genau dieser sehr wichtig für den Lernerfolg ist und darüber hinaus ein generelles menschliches Bedürfnis darstellt. Es geht meistens um das Replizieren von Fakten, nicht um das Anwenden von Wissen in der Praxis.

Genau hierfür ist meiner Meinung nach das Lernen in Communities besonders geeignet: wenn es darum geht, komplexere Themen in einem regelmäßigen und gern auch formal gesteuerten Community-Setting gemeinsam erarbeiten zu lassen. Man kombiniert quasi zwei Formate in einem: Community-based Learning und E-Learning.

Wenn du mehr über das Konzept der Smart Learning Pirates erfahren möchtest, findest du alle wichtigen Informationen inklusive Programm-Booklet hier:

Das Format der (Smart) Learning Community

Communities können vielfältig gestaltet sein. In Ergänzung mit regelmäßigen Learning Circles oder Online-Events (z. B. als Barcamp oder Mini-Design-Sprints) werden wertvolle und kontinuierliche Learning Experiences ermöglicht. Ich kenne viele Unternehmen, die gezielt auf dieses Lernformat setzen und es bereits als Standard etabliert haben.

Meine Erfahrungen aus nunmehr knapp drei Jahren kohortenbasierten Lernens sind die folgenden:

1. Emotionale Verbindungen zwischen den Menschen einer Community haben einen enormen Impact auf den Lernerfolg. Je stärker die Beziehungen, desto intensiver kann das Lernerlebnis ausfallen.
2. Communities sind in hohem Maße von der Fähigkeit des selbstgesteuerten Lernens der Mitglieder abhängig. Je ausgeprägter die Fähigkeit des selbstgesteuerten Lernens, desto höher die Lernwirksamkeit. Auch das Umgekehrte gilt: Je weniger ausgeprägt die Fähigkeit des selbstgesteuerten Lernens ist, desto geringer ist der Lernerfolg.

3. Eine persönliche (nicht automatisierte) Lernbegleitung ist zu Beginn sehr wichtig, um ein gutes Onboarding zu ermöglichen und menschliche Beziehungen zu knüpfen.
4. Ein regelmäßiges und hochwertiges Community-Management ist absolut notwendig und wird insbesondere von Mitgliedern eingefordert, denen das selbstgesteuerte Lernen noch schwerfällt. Je weniger die Mitglieder in der Lage sind, selbstverantwortlich die Lernangebote durch die Community zu nutzen, desto mehr ist ein von außen gesteuertes Community-Management notwendig.

Meiner Meinung nach ist das Community-basierte Lernen eines der wichtigsten Formate des zukünftigen Lernens. Im Vergleich zu anderen lässt es sich wunderbar skalieren, da man alles online und global umsetzen kann. Es gibt etliche Möglichkeiten, digitale Communities zu betreiben. Außerdem entstehen im Vergleich zu anderen Weiterbildungsprogrammen im Verhältnis zur Anzahl der Teilnehmenden weniger Kosten, sofern das Konzept überwiegend digital bzw. virtuell umgesetzt wird. Deshalb zum Schluss meine Empfehlung für alle, die Lernen in einer Community umsetzen möchten:

1. Ein didaktisch fundiertes Community-Programm aus Online- und Offline-Elementen entwickeln
2. Viel Raum und Zeit für den persönlichen Austausch einplanen
3. Ein systematisches Community-Management etablieren (ggf. auch über ein Co-Creation-Kernteam, das Mitglieder auf freiwilliger Basis in die Aktivierung der Community einbindet)
4. Regelmäßige Aktivität innerhalb der Community fördern, indem seitens des Community-Managements die Kommunikation aufrechterhalten wird

Wir wissen alle, dass Community-Management eine sehr anspruchsvolle Tätigkeit ist, die nicht eben mal nebenbei zusätzlich bewerkstelligt werden kann. Insofern mein Plädoyer an dieser Stelle, auch ausreichend Personal und Budget für die Learning Communities bereitzustellen, da diese sonst schnell im Nirvana des Intranets verschwinden.

3.1.3.2 Smart Learning Barcamp

Ein Barcamp ist eine offene Tagung mit offenen Workshops, deren Inhalte und Ablauf von den Teilnehmenden zu Beginn der Tagung selbst entwickelt und im weiteren Verlauf gestaltet werden. Ein Barcamp entspricht also einem didaktischen Setting, das aus bildungswissenschaftlicher Perspektive sehr sinnvoll ist, da sich die Teilnehmenden aktiv einbringen müssen. Mein erstes Barcamp habe ich im Jahr 2015 erlebt, also vor acht Jahren. Seitdem ist es ein fester Bestandteil in meiner Methoden-Toolbox. Bis 2015 kannte ich vor allem aufwendige Konferenzen, bei denen sich ein Vortrag an den anderen reihte und alles bis ins kleinste Detail durchgeplant war. Das Corporate

Learning Barcamp (#CLC15) im Jahr 2015 war anders. Die folgende Website enthält Informationen zur größten deutschsprachigen Corporate Learning Community (CLC) mit über 10.000 Mitgliedern in der DACH-Region. Die Videos zeigen den Ablauf und die Art der Veranstaltung.

Die Corporate Learning Community als innovativer Wegweiser für Learning & Development in der DACH-Region

Das Barcamp als Format

Barcamps werden auch als »Unkonferenz« bezeichnet, da es eben keine feste Vorgabe an Inhalten und keine ausgewiesenen ExpertInnen gibt. Als ExpertInnen gelten bei einem Barcamp grundsätzlich alle TeilnehmerInnen. Da sich das Programm aus deren Beiträgen zusammensetzt, werden diese als »TeilgeberInnen« bezeichnet. Barcamps dienen überwiegend dem inhaltlichen Austausch und der Diskussion, können aber auch mit kokreativen Elementen angereichert werden.

Wer eine Session anbieten möchte, kann dies zu Beginn des Barcamps ankündigen. Oftmals werden aber auch im Vorfeld digitale Session-Pläne befüllt. Eine Session dauert in der Regel 45 Minuten. Inhaltlich kann es um alles gehen, was die TeilgeberInnen beschäftigt. Oftmals werden aktuelle L&D-Herausforderungen besprochen oder digitale Learning Tools vorgestellt bzw. getestet.

Da oft mehrere Hundert TeilgeberInnen zusammenkommen, werden Großgruppenmethoden zur Moderation eingesetzt. Bewährt hat sich hier die Open-Space-Methode. Das bedeutet, dass die Teilnehmenden im Plenum für eigene Themen werben und eine eigene Session anbieten. In dieser werden mögliche Projekte erarbeitet oder einfach Wissen und Erfahrungen ausgetauscht. Die Ergebnisse werden online dokumentiert und am Schluss mit allen geteilt.

Mein erstes CLC-Barcamp hat mich nachhaltig geprägt. Vor allem die Art und Weise, wie dort miteinander kommuniziert und voneinander gelernt wurde, hat mich bis heute stark beeinflusst. Diese Erfahrung hat dazu geführt, dass ich unbedingt ein eigenes Smart Learning Barcamp durchführen wollte.

An dieser Stelle ein großes Dankeschön an Karlheinz Pape, der die CLC-Community in DACH initiiert hat, sowie an alle Mitglieder, die mich seither inspiriert haben.

Innovators Garden – ein Barcamp für Co-Creation, Partizipation und Innovation

Im September 2019 war es dann so weit. Am 28.09.2019 fand das erste Smart Learning Barcamp Deutschlands am Bosch IoT Campus in Berlin statt. Unser Ziel war es, bestmögliche Rahmenbedingungen für aktives Lernen bereitzustellen und auf dieser Grundlage passende Anwendungsszenarien für Smart Learning Environments im Unternehmen zu finden.

Das Barcamp wurde auf den Namen »Innovators Garden« getauft. Der Name war Programm. Es sollten so viele Ideen wie nur möglich »gepflanzt sowie geerntet« werden.

Ziel war es, in Co-Creation mit vielen anderen »Lern-Futuristen« konkrete Anwendungsszenarien für smartes Lernen zu explorieren und auf den eigenen Arbeitskontext zu transferieren. Als Gewächshaus der Ideen war der Bosch IoT Campus die optimale Umgebung, in der die ca. 70 Barcamp-BesucherInnen ihre eigenen Ideen zum Wachsen bringen konnten. Der Innovators Garden kombinierte Hands-on Experiences zur Zukunft des Lernens mit einem offenen Barcamp-Ansatz. Ziel war es, gemeinsam in das Thema Smart Learning einzutauchen und in Co-Creation konkrete Use Cases für das Lernen im eigenen Unternehmen zu entwickeln.

Um den Teilnehmenden eine bestmögliche Spielwiese für Co-Creation zu schaffen, wurde das Barcamp mit »Smart Learning Experiences« angereichert. An neun verschiedenen Stationen konnten die Teilnehmenden explorativ erkunden, wie sich das »smarte Lernen« in der Zukunft bzw. schon heute anfühlt.

Denn: Das Ziel von Smart Learning Environments ist es, hybride Lernwelten zu erschaffen und wirksame Bildungsinnovationen zu entwickeln. Hierfür werden digitale und analoge Lernsettings in Echtzeit kombiniert und Technologien wie IoT, 3D-Modelle oder AR-Inhalte in die physische Umgebung integriert. Gemäß unserem Motto »Create experiences – not lessons« wurden beim Barcamp entsprechend unterschiedliche Innovationen des Lernens vorgestellt, die zum selbstständigen Explorieren einluden.

Folgende neun Learning Experiences gab es auf dem Barcamp zu entdecken:

1. Hybride Vernissage
2. Smart Learning Escape Game
3. Sketchnoting mit AR (Augmented Reality)
4. 3D-Hologramme mit Merge Cubes
5. Virtual Drawing mit HoloLens
6. Smart Furniture Prototype
7. Design Sprint in a Nutshell
8. Best of Tools for Learning
9. VR-Space

Einige Elemente wurden bereits ausführlich in Kapitel 3.1.1 vorgestellt. Die Learning Journey wurde aus den o. g. Experiences bewusst so zusammengestellt, denn sie repräsentieren drei wichtige Faktoren effektiven Lernens im beruflichen Alltag. Lernen ist dann erfolgreich,

- wenn wir an unser Vorwissen anknüpfen können,
- wenn wir emotional involviert sind und
- wenn wir selbst aktiv sind.

Was mir selbst bei offenen Barcamps oft noch zu kurz kommt, ist der aktive Teil des Lernens. In den letzten Jahren habe ich vielfach beobachtet, dass auf Barcamps viel geredet, diskutiert und Sichtweisen ausgetauscht werden. Das ist natürlich ein wichtiges Element, reicht aber an dieser Stelle noch nicht aus, um eine nachhaltige Lernerfahrung zu machen. Deshalb plädiere ich dafür, als »Learning Professional« das eigene Methoden-Know-how aktiv einzusetzen, Neues auszuprobieren und interaktive Formate innerhalb der Sessions anzubieten.

Das war der Beweggrund dafür, dass das erste Smart Learning Barcamp mit den Experiences angereichert wurde. Das bedeutet, dass das klassische Barcamp-Format mit offenen Sessions der Teilgebenden mit einer 2,5-stündigen Smart Learning Experience sowie mit drei kurzen, knackigen Impulsvorträgen à zehn Minuten kombiniert wurde. So entstand eine Mischung aus informativen, explorativen, dialogorientierten sowie interaktiven Sessions, bei denen insbesondere das direkte Erleben und Erfahren von Smart Learning Environments und hybriden Lernwelten, wie z. B. mit dem Merge Cube, im Zentrum standen. Darüber hinaus konnten sich die Teilnehmenden nicht nur mit neuen Technologien beschäftigen, sondern auch Methoden anwenden, die in diesem Zusammenhang relevant werden. Insofern war es uns beim Barcamp auch wichtig, Methoden zu vermitteln, die beim Gestalten von Smart Learning Environments unterstützen können (Stationen 3 und 7, siehe Learning Experiences oben).

Während es am Vormittag überwiegend um das Kennenlernen und Ausprobieren neuer Technologien ging, stand der Nachmittag im Zeichen des Transfers. Dort gab es dann zweimal sechs interaktive Sessions, in denen die Teilnehmenden ihre eigenen Herausforderungen und Use Cases bearbeiten konnten.

Ein extra dafür entwickelter Canvas ermöglichte eine strukturierte, einfache und vergleichbare Dokumentation der Ergebnisse, die final als »Sketchnote« der gemeinsamen Gruppenarbeit diente. Jede Gruppe sollte zudem ihre Ergebnispräsentation am Ende jeder Session als Video aufzeichnen. Auf diese Weise konnten alle zwölf Sketchnotes am Ende des Tages beim Get-together ausgestellt werden. Wer zusätzliche Informationen zu den jeweiligen Postern erhalten wollte, konnte sich mithilfe einer AR-App die aufgezeichneten Ergebnispräsentationen augmentiert pro Poster anzeigen lassen.

Das »lebendige Kunstwerk« war in das Abendprogramm integriert, sodass alle die Möglichkeit hatten, sich auch die Ergebnisse der anderen Gruppen anzusehen. Die gemeinsamen Gespräche dienten im Nachgang der Reflexion und eröffneten Möglichkeiten im Hinblick auf Netzwerke, zukünftige Zusammenarbeit und Kooperationen. Die beigefügte Fotokollektion verdeutlicht die Learning Journey des Barcamps und inspiriert vielleicht auch dich, dein erstes Barcamp zu veranstalten. Hybrid oder online funktioniert das Camp natürlich auch. Dazu gibt es in den nächsten Kapiteln noch ein paar Informationen.

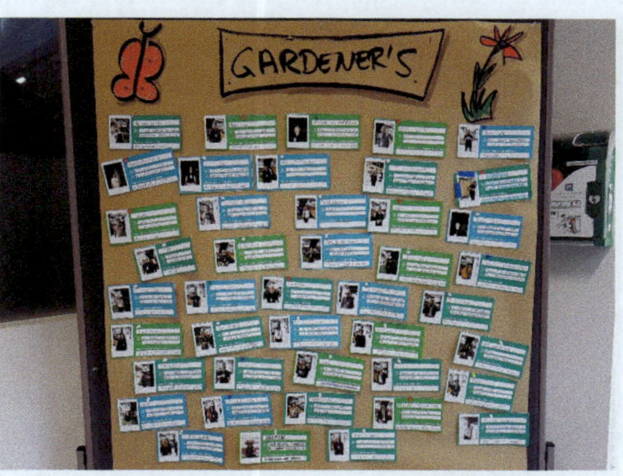

Magic Moments of Learning: Barcamp Impressions

Das Barcamp als strategisches Instrument der Organisationsentwicklung

Ich bin davon überzeugt, dass Formate wie das oben skizzierte Barcamp einen nachhaltigen Beitrag zur Organisationsentwicklung leisten können – sofern sie strategisch z. B. im Rahmen von »New Work«-Maßnahmen implementiert werden. Das bedeutet, dass im Vorfeld ein Konzept erarbeitet werden muss, das an bisherige Aktivitäten anknüpft und die zu bearbeitenden Zukunftsthemen, die Zielgruppen, Termine, Verantwortlichkeiten, Budgets etc. klar definiert.

Parallel dazu gibt es etliche positive Nebeneffekte wie z.B. den bereichsübergreifenden Austausch, Teamwork, Sinnhaftigkeit, Möglichkeit der Partizipation etc. Im Zentrum steht jedoch, dass aktiv und in Co-Creation an den Zukunftsthemen der Organisation gearbeitet werden kann. Derartiges kann inhouse, aber natürlich auch offen im Sinne eines Open-Innnovation-Ansatzes in Kooperation mit anderen Unternehmen arrangiert werden.

Es gibt bereits so viele Möglichkeiten, Smart Learning Environments zu etablieren. Diese vielfältigen Möglichkeiten sind in Deutschland (leider) noch kaum bekannt und im Corporate-Learning-Umfeld noch immer eine Besonderheit. Deshalb ist es wichtig, Orte zu schaffen, an denen die Menschen sich intensiv mit neuen Technologien auseinandersetzen können. Ein solcher Ort kann ein Barcamp sein oder auch ein Playground. Dazu mehr im nächsten Abschnitt.

3.1.3.3 Smart Learning Playground

Als »Smart Learning Playground« bezeichne ich eine Fläche, einen physischen Ort, an dem man Technologien und Konzepte erleben und ausprobieren kann. Es handelt sich sozusagen um eine Spielwiese, um Neues zu Lernen und sich mit anderen auszutauschen. Ein Playground führt in der Regel die drei wesentlichen Bereiche »explore«, »play« und »grow« zusammen. Bei »explore« geht es um das aktive Ausprobieren und Testen. Bei »play« kann man allein oder zusammen mit anderen auf der Basis neuer Technologien ein Spiel spielen und bei »grow« geht es um den Austausch mit anderen, das Reflektieren und das gemeinsame Wachsen.

In jedem der genannten Bereiche gibt es spezifische Artefakte, Installationen oder Interaktionsmöglichkeiten, bei denen die BesucherInnen des Playgrounds erfahren können, wie eine hybride Lern- und Arbeitswelt aussehen kann. Ziel ist es, für technologische Entwicklungen zu sensibilisieren und den Transfer auf eigene Arbeitskontexte anzuregen. Hierfür werden relevante Technologien aus IoT, AI und XR auf der Fläche integriert und erlebbar gemacht.

Im Gegensatz zum Barcamp, das online, offline, hybrid oder virtuell stattfinden kann, ist ein Playground immer ein physischer Ort. Dort kann man eine VR- oder MR-Brille aufsetzen und in neue Welten abtauchen. Man kann durch ein AR-Portal laufen und das Metaverse betreten. Man kann mit IoT-basierten Plakaten »sprechen«, in die Microcontroller, Sensoren und Lautsprecher eingebaut sind, man kann ein pulsierendes Herz in Händen halten oder kraft der eigenen Gedanken digitale Blumen wachsen lassen.

Ein Playground bündelt unterschiedliche Experiences, ähnlich wie beim Smart Learning Barcamp, ist aber eher als lebendige »Dauerausstellung« zu betrachten. Es ist kein einmaliges Event (es sei denn, der Playground findet im Rahmen einer Messe statt), sondern gehört zum Inventar eines Unternehmens, verbunden mit dem Ziel, Mitarbeitende oder BesucherInnen zu inspirieren. »Digitale Transformation erlebbar machen« könnte man als übergreifendes Thema formulieren.

Eingebunden in einen organisationalen Rahmen können dort Produkte, Werte, Visionen und die Unternehmensgeschichte einer Organisation präsentiert werden. Mit dem AR-Portal kann man die physische Ausstellung mit virtuellen Orten verbinden. Eine eindrucksvolle, immersive Erfahrung für Mitarbeitende, KundInnen oder PartnerInnen. Im Wesentlichen kombiniert der Playground die Methode der Vernissage mit zusätzlichen (IoT-)Artefakten sowie AR- und 3D-Technologien. Darüber hinaus können sprechende Plakate als Leitsystem entwickelt werden.

Das Future Lab 2022 – ein multisensorischer Smart Learning Playground

Als Kuratorin des Future Labs durfte ich im Auftrag der Messe Karlsruhe eine 200 qm große Sonderfläche für die LEARNTEC im Jahr 2022 gestalten. Das Future Lab 2022 wurde als multisensorischer Smart Learning Playground konzipiert. Es gab insgesamt neun Stationen, die zusammen die Learning Journey bildeten. Das Ziel war es, die BesucherInnen maximal zu inspirieren und Smart Learning greifbar zu machen. Auf dem Future Lab konnte man erstmalig eintauchen in ein Metaverse for Learning.

Im Zentrum der Sonderfläche befanden sich sechs voneinander getrennte begehbare Boxen. Dort wurden Zukunftsszenarien des Lernens in hybriden Zwischenwelten präsentiert. Thematisch ging es um Musik, Sprachenlernen, Geschichte, Naturwissenschaften und Kunst (Box 1 bis 5). Für jede Box gab es eine »Inspiring Card« zum Mitnehmen, falls man zu Hause weiter explorieren wollte.

Während die BesucherInnen von Box zu Box gingen, interagierten sie mit augmentierten Projektionen und sprechenden Plakaten. Die sprechenden Plakate ersetzten quasi einen persönlichen Guide. Dadurch konnten alle selbstgesteuert den Playground erkunden und sich auf ihre persönliche Learning Experience konzentrieren. Die Plakate bestanden aus normalem Papier und waren mit Microcontrollern, Conductive Ink, Sensoren, Lautsprechern und LEDs angereichert. Sobald jemand die »Touchpoints« mit der Hand aktivierte (Bewegungssensor), erklärte eine künstliche Intelligenz, was in der Box erkundet werden konnte. Und zwar Schritt für Schritt (Step 1 bis Step 5).

Für die KI-basierte Sprachausgabe habe ich eine KI-Software verwendet, die aus jeglichem Skript (in unterschiedlichen Sprachen) in Sekunden ein Audio-File (oder auch ein Video) generiert (www.synthesia.io). Letztlich habe ich für die sprechenden Plakate in kürzester Zeit 30 Skripte zu professionellen Sprechertexten umgewandelt. Die MP3-Files mussten dann nur noch auf eine SD-Karte gespeichert und in den Microcontroller gesteckt werden.

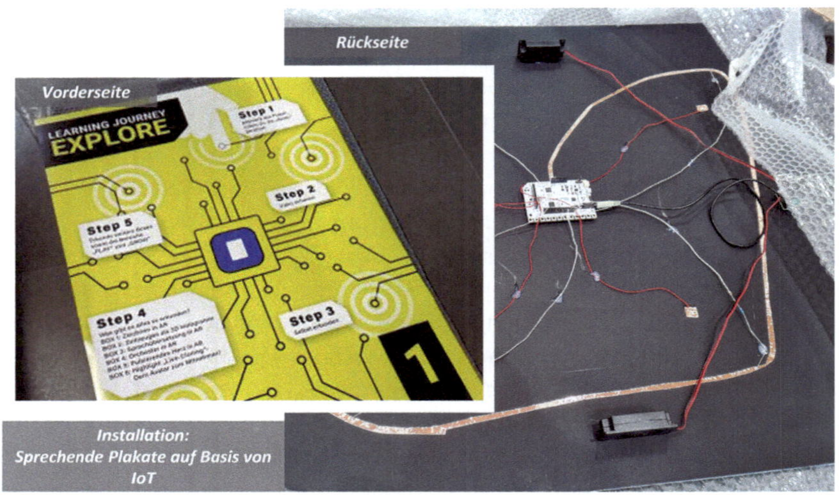

IoT-basierte Plakate als Installation auf einem Smart Learning Playground

Natürlich musste man noch ein paar andere Dinge wie die LEDs und Sensoren konfigurieren, aber insgesamt entstand eine relativ einfache und zugleich sehr schicke automatisierte Lernbegleitung.

Die LEDs zeigen nämlich auch an, an welchem Punkt der Journey man sich gerade befindet, und unterstützen so die Orientierung. Das Plakat kann also nicht nur sprechen, sondern auch leuchten.

Ein absolutes Highlight des Future Lab war die »Magic Box« – dort ging man hinein und konnte sich auf »Knopfdruck« seinen eigenen Avatar erzeugen lassen. Passend dazu hatten wir schon im Vorfeld mit einer kleinen PR-Kampagne begonnen:

Meet your mini me and clone yourself.

Für das Future Lab ist es gelungen, hochkomplexe Scanning-Prozesse so zu automatisieren, dass wir in der Lage waren, ein Video (eine Sekund) als 3D-Sequenz so zu konvertieren, dass wir innerhalb von nur wenigen Minuten einen 3D-Avatar erzeugen konnten. Scanning-Verfahren sind eigentlich relativ komplex. Das Scanning-Verfahren für meinen eigenen Klon habe ich oben bereits beschrieben. In der Zwischenzeit haben sich neue Verfahren und Technologien herausgebildet. Die rooom AG ist hier der führende Plattformanbieter. Das Start-up innoviert unterschiedliche automatisierte Scanning-Verfahren und ermöglicht eine Weiterverarbeitung der 3D-Objekte in anderen Systemen. Die neueste Technologie nennt sich »Volumetric Capturing«, die auch für meine Hologramm-Botschaften verwendet wurde.

Für das Live-Cloning auf der LEARNTEC wurde ein Python-Skript programmiert, das auf der Basis von Volumetric Capturing die 4D-Dateien automatisiert konvertiert, verarbeitet und als QR-Codes ausgibt.

Wozu der QR-Code?
Meine Idee war es, den Effekt von »Meet your mini me« nicht nur auf der Messe zu erzeugen, sondern vor allem auch nachhaltig zur Verfügung zu stellen. Die browserbasierte AR-Anwendung konnte live vor Ort, ohne App-Installation, mit dem eigenen Handy auf das Future Lab-Holo-Deck projiziert werden. Aber eben auch darüber hinaus, da wir die QR-Codes mit einem Etikettendrucker direkt auf der Messe ausgedruckt haben. Und ja, es gab auf dem Future Lab ein Holo-Deck, ähnlich wie bei Raumschiff Enterprise.

Damit man den eigenen Avatar aber auch leicht an andere Personen »schicken« konnte, bin ich auf die Idee gekommen, die jeweils individuellen QR-Codes als »Magic Cards« mit nach Hause zu geben. So konnte man auch FreundInnen, Verwandten, NachbarInnen oder den KollegInnen den eigenen digitalen Zwilling ins Wohnzimmer schicken. Besonders gefreut hat es mich, dass ich auf der diesjährigen LEARNTEC eine Besucherin getroffen habe, die ihre Karte auch in diesem Jahr noch dabei hatte.

Meet Your Mini-Me Magic Cards – das Template für die QR-Codes aus dem Etikettendrucker

Aber das war noch lange nicht alles. Nachdem die BesucherInnen die Boxen erkundet hatten, betraten sie die Gaming Area. Hier wurde ein interaktives Augmented Reality (AR) Game entweder allein oder zusammen mit einem Partner gespielt. Man konnte dort erleben, dass augmentierte Zwischenwelten nicht nur im Single-Modus, sondern auch synchron gekoppelt im Multi-Player-Modus funktionieren.

Im dritten und letzten Bereich des Future Labs wurden die BesucherInnen bei »Grow« eingeladen, sich aktiv einzubringen, die Erlebnisse aus dem Future Lab zu reflektieren und ihre ganz persönlichen Ideen, Gedanken und Visionen mit anderen an der Puzzle-Wall zu teilen. Die XXL-Puzzle-Wall war eine gestaltbare zwei mal drei Meter große vertikale Fläche, die von Tag zu Tag immer bunter und lebendiger wurde. Alle BesucherInnen des Future Lab konnten hier ihre Ideen, Visionen und Herausforderungen zur Zukunft des Lernens formulieren.

Hierfür konnte jeder ein blanko Puzzleteil gestalten: mit bunten Farben, Federn, Knete, Klebstoff und weiteren Kreativmaterialien. Nach und nach formte sich so aus den einzelnen Puzzleteilen eine gemeinsam gestaltete Collage. Am Ende der Messe ist so ein kokreatives Kunstwerk entstanden.

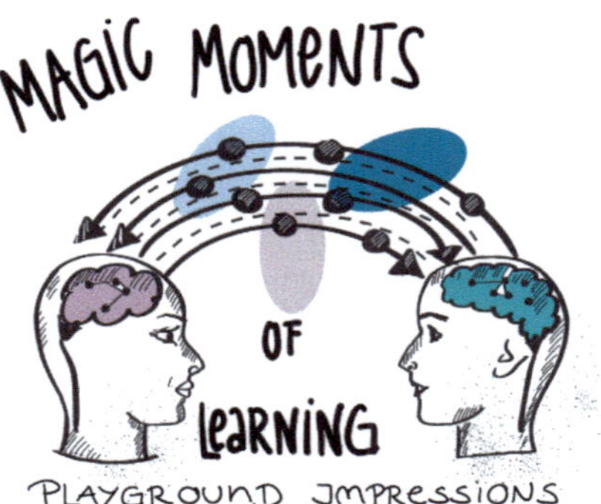

Magic Moments of Learning – Playground Impressions

Ein Playground – tausend Möglichkeiten

Vielleicht ist es dir bereits aufgefallen: Es gibt unzählige Varianten und Spielarten, wie ein Playground verwendet und gestaltet werden kann. Auf einer Messe, im Eingangsbereich einer Organisation oder auch im Rahmen von anderen physischen Events.

Das Konzept ist sehr flexibel und ermöglicht viele unterschiedliche Lehr- und Lernszenarien. Was ich besonders interessant fände: wenn SchülerInnen ihren eigenen Playground bauen würden. Wenn dies quasi eine Art kontinuierliche Projektarbeit wäre, die von Jahr zu Jahr und von Klasse zu Klasse immer weiterwächst. Die Kinder hätten die Möglichkeit, spielerisch neue Technologien auszuprobieren, und würden diese auch nutzen, um eigene Modelle zu bauen, die sie dann in den Playground integrieren könnten.

Wenn ein solcher Playground ein lebendiger Ort wird, an dem sich die Kinder aktiv einbringen können, kann sich das Schulgebäude im Laufe der Jahre in ein einzigartiges, hybrides, intelligentes Kunstwerk verwandeln. Man stelle sich nur einmal vor, dass jede Treppenstufe, jede Steinfliese mit einer Geschichte der Kinder augmentiert wäre. Selbst SchülerInnen, die die Schule bereits verlassen hätten, können Jahre später noch ihr Hologramm abrufen. Mir gefällt diese Idee sehr gut und wer weiß, vielleicht wird es in Zukunft derart innovative (Hoch-)Schulen geben.

Eine Hochschule kenne ich jedenfalls, die das Future Lab aus 2022 zum Anlass genommen hat, auch ein Holo-Deck zu bauen. Und zwar handelt es sich hier um das DLR_School_Lab der BTU Cottbus-Senftenberg. Dort stehen die Themen umweltschonende Luftfahrt, Reduzierung von Treibhausgasen in der Industrie sowie Forschung in Schwerelosigkeit im Vordergrund. Die SchülerInnen ergründen, welcher Energieträger fossile Kraftstoffe ersetzen kann, und erproben verschiedene Formen der Wärmeenergiegewinnung – als »Zugabe« fliegen sie sogar virtuell zur internationalen Raumstation oder projizieren einen Astronauten neben sich als AR-Hologramm. Im aktuellen Fall habe ich ein wenig beim Konzept unterstützt und mich sehr gefreut, als mich ein Foto eines blauen Holo-Decks erreicht hat.

Wer nun noch mehr Ideen für einen Playground sucht, kann sich hier in einer Zusammenfassung zum Future Lab 2020 inspirieren lassen. Dort standen Merge Cubes, Sketchnoting und unsere augmentierte Kunstinstallation im Zentrum.

Smart Learning Playground auf dem Future Lab 2020

3.1.3.4 Smart Learning Design Sprint

Ich habe schon relativ früh begonnen, mir Gedanken darüber zu machen, wie man ein passendes Lernangebot bzw. eine optimale Lernumgebung für Mitarbeitende auf der Basis des Konzepts von Smart Learning Environments entwickeln kann.

Meistens ist es ja so, dass eine Abteilung im Unternehmen (in der Regeln HR, PE oder People & Culture) für die Weiterbildung verantwortlich ist und entsprechende Angebote zur Verfügung stellt. Die Lerninhalte werden entweder »eingekauft«, z. B. über Plattformlizenzen (verbreitet ist z. B. LinkedIn Learning), oder sie werden bei speziellen Themen extern beauftragt. Agenturen übernehmen dann die Produktion des Lernangebots – das kann von einer Workshopreihe bis zu E-Learning so ziemlich alles sein. In manchen Fällen werden die Inhalte inhouse produziert. Das ist aber eher die Ausnahme, da die Produktion sehr aufwendig ist und die personellen Ressourcen dafür oftmals nicht vorhanden sind.

Im Zuge der Notwendigkeit des lebenslangen Lernens wird zunehmend umgedacht bzw. spezifische Inhalte, die nicht eingekauft werden können, werden immer öfter im engen Austausch mit beratenden Institutionen und Agenturen umgesetzt. Der Weiterbildungsbedarf ist so hoch, dass auch die Mitarbeitenden immer häufiger dazu beitragen, ihr Wissen zu dokumentieren und mit KollegInnen zu teilen. Es gibt also in Ergänzung zu den professionell produzierten E-Learnings mehr und mehr kuratiertes Insiderwissen von Mitarbeitenden eines Unternehmens.

Diese Entwicklung hat viele Vorteile, da die Lernangebote authentisch sind und zum Unternehmen passen. Extern produzierte E-Learnings bergen die Gefahr, dass sie manchmal »aufgesetzt« wirken und nicht für den Alltag der Mitarbeitenden geeignet sind. Auf der anderen Seite ist E-Learning die einzige Möglichkeit, Standardinhalte skalierbar an viele Mitarbeitende zu verteilen, insbesondere wenn es sich um Pflichtschulungen handelt. Aufgrund der vielschichtigen Herausforderungen reichen klassische E-Learnings oder Workshopreihen aber nicht mehr aus, um den kontinuierlichen Bildungsbedarf zu decken. Es werden neue Konzepte wie Smart Learning Environments benötigt. Doch wie integriert man diese?

Bei sehr komplexen Bildungskonzepten wie Smart Learning Environments stoßen bewährte HR-Abläufe an ihre Grenzen. Das Themenfeld ist zu komplex, um ein fertiges Smart Learning Environment extern einkaufen zu können. Deshalb habe ich schon früh begonnen, auf der Basis von Design Sprints passende Smart-Learning-Konzepte für Teams oder Organisationen zu entwickeln.

3.1.3.4.1 Der Design Sprint als Format

Design Sprints basieren auf dem methodischen Ansatz von Design Thinking. Design Thinking ist ein menschenzentrierter Ansatz, der auf folgenden Prinzipien beruht:

- Menschen mit ihren Bedürfnissen beobachten, Probleme analysieren und verstehen
- (interdisziplinärer) Austausch und kokreative Zusammenarbeit
- Prototyping von Ideen, Konzepten oder Produkten
- Feedback einholen und kontinuierliche Verbesserung in iterativen Schleifen

Auf diesen Prinzipien bauen die fünf Phasen von Design Thinking auf, die die folgenden Arbeitsschritte umfassen:

1. Verstehen (Understand)
In der ersten Phase geht es darum, ein tiefes Verständnis über die Zielgruppe zu erlangen. Für eine didaktisch fundierte SLE-Entwicklung müssen die Bedürfnisse der Lehrenden und Lernenden erhoben und die Nutzungskontexte durchdrungen werden. Eine genaue Definition der Zielgruppe(n) inkl. ihrer Problemstellungen und eine Beschreibung aktueller und zukünftiger Lernkontexte dienen dazu, ein umfassendes Bild über die NutzerInnen zu erarbeiten. Die klar definierte Problemstellung (Challenge) hilft, passende Lösungen aufzuspüren.

2. Aufspüren (Diverge)
In der zweiten Phase geht es um ein exploratives Aufspüren von Möglichkeiten. Im Fokus stehen dabei mögliche Lösungen für Probleme, die in der ersten Phase identifiziert wurden. Ideen werden durch Brainstorming-Methoden generiert und grob ausgearbeitet, ohne sie zu bewerten.

3. Bewerten (Converge)
In der dritten Phase werden die generierten Ideen auf ihre Praxistauglichkeit und Nützlichkeit hin bewertet. Dabei werden die erfolgversprechendsten Ideen mit Klebepunkten markiert. Die so entstehenden »Heatmaps« geben Auskunft über die besten Lösungsansätze, die dann im Team zu ersten Mock-ups und User Stories verarbeitet werden.

4. Prototypen (Prototype)
In der vierten Phase werden die Ideen prototypisch umgesetzt. Das bedeutet, dass visuelle und haptische Eindrücke zum neuen Produkt simuliert werden. Die Prototypen müssen für die »Tester« benutzbar sein und sich halbwegs echt anfühlen, damit ein möglichst realistisches Feedback möglich ist.

5. Testen (Test)
In der fünften Phase werden die Prototypen von potenziellen NutzerInnen ausgiebig getestet und bewertet. Ziel ist es herauszufinden, welche der Ideen tatsächlich funktionieren und welche nicht. Die Ergebnisse fließen dann über iterative Schleifen wieder zurück zu den ersten Phasen.

3.1.3.4.2 Das HoLEX®-Framework im Rahmen von Design Sprints

Im Rahmen von Design Sprints wurde das HoLEX®-Framework verwendet, um einen organisationalen und strategischen Bezug herzustellen. Das Framework diente als Planungs-, Entwicklungs- und Analyseinstrument und wurde in den Phasen 1 bis 4 eingesetzt, um

1. den Ist-Zustand zu verstehen und zu analysieren (anhand einer Reifegradanalyse im Zusammenspiel mit Personas etc.),
2. darauf aufbauend Ideen zu generieren,

3. passende Lösungen (als Quick Wins) zu identifizieren sowie
4. evidenzbasierte Konzepte auszuarbeiten (mithilfe des SLE-Toolkits, vgl. Kapitel 3.1.1).

Der Design Sprint ist eine systematische Methode, in deren Verlauf Lösungen für ein definiertes Problem entwickelt werden. In der Regel werden Design Sprints im Kontext der Produktentwicklung eingesetzt. Bei Smart Learning handelt es sich nicht um ein klassisches Produkt, wie z. B. ein Auto, sondern eher um einen »Service«, also um wirksame Smart-Learning-Angebote im Unternehmen.

Design Sprints zeichnet aus, dass unter strikter Zeitvorgabe und der Anwendung vielfältiger Methoden und Tools gearbeitet wird. Innerhalb von drei bis fünf Tagen durchläuft man die o. a. fünf Phasen (Verstehen, Aufspüren, Bewerten, Prototypen, Testen). Wichtig ist, dass der Design Sprint gründlich vorbereitet wird. Im optimalen Fall wird eine Challenge (oder mehrere) bereits im Vorfeld definiert. Diese ist das zentrale Element im Design Sprint. Die Challenge definiert die Problemstellung und ist als Frage formuliert, sodass es im Prozess leichter fällt, Antworten als mögliche Lösungen zu entwerfen.

Die Art und Weise, wie Fragen formuliert werden, ist ein typisches Merkmal von Design Sprints. Man nennt sie auch »How might we«-Fragen, also »wie können wir xy«-Fragen. Es ist wichtig, dass die Challenge so konkret wie möglich definiert wird, sodass das Problem und die Zielgruppe benannt werden. In der Abbildung siehst du ein Beispiel.

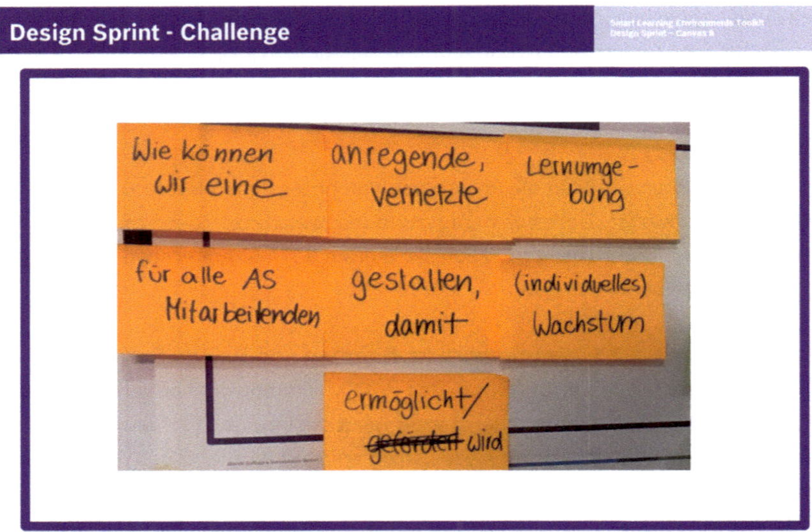

Beispiel für die Formulierung einer Design-Sprint-Challenge

3.1.3.4.3 Wichtige Merkmale

Der Design Sprint hat fünf wesentliche Merkmale, die in der Vorbereitung, Durchführung und Nachbereitung eines Sprints berücksichtigt werden. Ein Design Sprint

- stellt die Bedürfnisse der NutzerInnen in den Mittelpunkt,
- produziert Prototypen, die schnell getestet werden können,
- nutzt iterative und agile Methoden,
- fördert Innovation durch kooperative, interdisziplinäre Zusammenarbeit und
- spart Kosten.

Viele sind im ersten Moment erstaunt, wenn sie hören, dass ein Design Sprint innerhalb von drei bis fünf Tagen am Stück durchlaufen wird. Das ist in der Regel mit hohen Aufwänden verbunden und produziert auch hohe Kosten.

Auf der anderen Seite ist man produktiver und schneller, wenn man an einem Stück entwickelt. Auch hier wird ein Flow-Zustand erreicht, der entscheidend ist, um auf gute und fundierte Lösungen zu kommen. Es ist wichtig, dass sich die Teilnehmenden des Sprints voll und ganz auf das Thema bzw. die Challenge einlassen können, dass keine Mails oder Telefonate nebenbei stattfinden.

Die Ergebnisse eines Design Sprints sind entsprechend hochwertig. Und der erste Prototyp ist »relativ« schnell fertig. Es dauert nicht sechs Monate, sondern wenige Tage bis zum ersten Prototyp.

Ein Design Sprint ist der Anfang, nicht das Ende der Produktentwicklung.

Was vielfach missverstanden wird, ist die Tatsache, dass ein Design Sprint der Anfang und nicht das Ende der Produktentwicklung darstellt. Das bedeutet, dass danach weitere Iterationen durchgeführt werden. Je nachdem, wie komplex die Lösung oder auch das Testing ausfällt, kann es sein, dass ein weiterer Design Sprint sinnvoll ist.

In der Praxis sieht es natürlich oft anders aus. Man muss sich arrangieren und die Balance zwischen perfekter Methodik und den Herausforderungen des beruflichen Alltags finden. Insofern bin ich in den letzten Jahren dazu übergegangen, kleinere Elemente »auszulagern«, sodass die Sprints nur noch drei statt fünf Tage dauern.

Das methodische Vorgehen eines Design Sprints passt auch deshalb so gut zum Konzept von Smart Learning, weil die Bedürfnisse der NutzerInnen konsequent in den Mittelpunkt gerückt werden. Das bedeutet, dass ich bereits im Vorfeld Umfragen habe durchführen lassen oder vorhandene Personas oder weitere User-Research-Daten aufbereitet habe, sodass man die erste Phase »Verstehen« im Design Sprint kurz halten kann, da die Ergebnisse bereits vorliegen und als Ausgangsbasis genommen werden können.

Ohne ein umfassendes Verständnis der Zielgruppe ergibt ein Design Sprint keinen Sinn. Das ist auch der Grund, warum Betroffene Teil des Sprint-Teams sein sollten. Die sinnvolle Zusammenstellung des Sprint-Teams, also der Personen, die am Sprint aktiv beteiligt sind, ist essenziell. Das Sprint-Team entwickelt die Smart-Learning-Lösungen und sollte unterschiedliche Expertisen und Perspektiven abdecken. Die optimale Zusammenstellung siehst du in der Abbildung.

Beispiel-Agenda zum Ablauf eines SLE-Design-Sprints

Design-Sprint-Ablauf
Der Ablauf des Sprints ist von der jeweiligen Situation bzw. von den Anforderungen des Projekts abhängig. Es gibt keinen Standardablauf, der jedes Mal gleich ist. Jeder Design Sprint ist individuell auf die Bedarfe der Zielgruppe zugeschnitten.

Obwohl jeder Sprint anders ist, gibt es Elemente, die in annähernd jedem Design Sprint Teil des Ablaufs sind, wie Check-ins, Einführung in Methoden und Smart Learning, SLE-Vernissage, HoLEX®-Framework mit Reifegradanalysen und HoLEX®-Cards, SLE-Canvas-Collection, diverse Spiele und natürlich die Ideation, die wir üblicherweise wie folgt umsetzen:

- **Pre-Ideation und Brainwriting**
  In der ersten Phase der Ideation ist es wichtig, ohne Beeinflussung und Inspiration von außen Ideen zu generieren. Hier bietet sich die Kreativitätstechnik »Brainwriting« an, die dem Brainstorming sehr ähnlich ist. Der wesentliche Unterschied besteht darin, dass beim Brainwriting Gedanken und Vorschläge nicht mündlich

vorgetragen, sondern schriftlich fixiert werden. In einem Design Sprint gehen die TeilnehmerInnen beim Brainwriting von Board zu Board und können dabei auch die Ideen der Vorgänger aufgreifen oder erweitern.

- **Inspiration Shopping**
  In der zweiten Phase der Ideation werden bewusst Inspirationen von außen gegeben, um beispielsweise technologische Möglichkeiten aufzuzeigen, die die TeilnehmerInnen noch nicht kennen. Hier bietet sich die Methode »Inspiration Shopping« an. In einem Design Sprint gehen die TeilnehmerInnen durch einen Tech-, Education- und Space-Shop und »kaufen« gute Ideen anstatt Konsumgüter. Details und Templates findest du am Ende des Kapitels.
- **Brainstorming und Solution Sketches**
  In der dritten Phase der Ideation werden alle Erkenntnisse aus den Phasen 1 bis 3 zusammengeführt. Im Ergebnis entsteht der Solution Sketch, eine erste Beschreibung zum neuen Smart-Learning-Angebot.

Wichtiges Element in einem Design Sprint ist auch immer das Prototyping, das üblicherweise am letzten Tag durchgeführt wird. Auch hier gibt es zahlreiche Möglichkeiten, wie ein Prototyping umgesetzt werden kann. In der Regel haben wir die SAP-Scenes verwendet, eine Vorlagensammlung zur Erstellung von Szenen, um Lösungen und Produkte zu visualisieren. Mehr zum Thema Prototyping findest du in der Prototyping-Fotokollektion in Kapitel 3.1.3).

Nach dem Prototyping folgt das Testing, das ich bisher meistens vom Sprint entkoppelt habe, sodass man keinen weiteren kompletten Tag aus dem Arbeitsumfeld gerissen wird. Das Testing kann wunderbar asynchron sowie verteilt auf mehrere Tage umgesetzt werden.

Der Sprint endet üblicherweise mit der Definition der nächsten Schritte, einem Feedback und dem Check-out.

Inspiration-Shopping-Methode – Einführung, Templates und Inspiration TechCards

Design-Sprint-Ergebnisse

Die Ergebnisse eines Design Sprints sind bemerkenswert. Ich bin jedes Mal von Neuem überrascht, wie viel Menschen in drei Tagen leisten bzw. erreichen können, sofern sie einen geeigneten Rahmen vorfinden.

Wichtig im Hinblick auf das Ergebnis ist, dass die Facilitators so wenig wie möglich Einfluss auf die Lösung nehmen. Die Lösung muss auf den Bedürfnissen der Zielgruppe aufbauen und die definierten Probleme lösen. Deshalb kommt es durchaus vor, dass sich technologische Innovationen, die beim Konzept von Smart Learning zwar relevant sind, in der Lösung nicht wiederfinden, da der Einsatz der Technologien nicht dazu führt, dass die entsprechenden Probleme gelöst werden können.

An dieser Stelle wird der Mehrwert von Design Sprints deutlich. Es wird keine »fancy, schicke Lernumgebung« designt, sondern eine Lösung entwickelt, die bei einem konkreten Problem hilft. Natürlich können technologische Aspekte relevant werden, sofern sie einen Mehrwert für das lebenslange Lernen der Zielgruppe darstellen. Long story short: Design Sprints zeichnen sich durch eine konsequente Ergebnisoffenheit aus. Wie so ein Ergebnis eines Design Sprints konkret aussehen kann, siehst du im Video.

Mögliches Ergebnis eines Design Sprints

Empfehlungen

Meinen ersten Design Sprint habe ich 2018 für Bosch konzipiert, geplant und durchgeführt. Im Laufe der Jahre konnte ich dann zusammen mit meinen Teams einzelne Methodenbausteine, Tools und Abläufe optimieren. Ein Design Sprint ist wahrlich eine große Herausforderung. Ich habe im Vorfeld einige Bücher gelesen, aber letztlich muss man auch oft sehr spontan Entscheidungen treffen und z. B. die geplante Agenda umwerfen. Natürlich kann es auch zu konfliktbehafteten Situationen kommen, v. a. wenn es um die Problemdefinition geht.

Unser Arbeitsumfeld ist sehr komplex. Entsprechend müssen die Lernangebote auf die Herausforderungen im beruflichen Alltag eingehen, damit sie eine nachhaltige Bereicherung darstellen. Und genau deshalb ist ein Design Sprint für mich eine optimale Methode zur Entwicklung von Smart Learning Environments, da man die Ruhe, den Raum und die Zeit hat, sich intensive Gedanken über Probleme zu machen, und in kokreativen Settings gemeinsam Lösungen entwickelt, die in normalen Meeting-Runden nicht diese Tiefe erreicht hätten.

Trotzdem ist ein Design Sprint mit erheblichen Aufwänden, Ressourcen und Kosten verbunden. Deshalb hier meine Empfehlungen, die ich aus vielfältigen Beratungsprojekten mit Klienten aus unterschiedlichen Branchen gewonnen habe:

1. Plane die Termine ca. zwei bis drei Monate im Voraus und stelle Blocker via Outlook ein.
2. Hol dir Unterstützung von Design-Thinking-ExpertInnen oder lies dich intensiv ein.
3. Versuche, soweit es geht, Daten im Vorfeld zu erheben (User Research, Personas etc.) und für das Sprint-Team vorzubereiten.
4. Plane für die Konzeption und Planung ca. zwei bis vier Wochen ein.
5. Plane für die Durchführung ca. drei bis fünf Tage ein.
6. Plane für das Testing und die Auswertung ca. zwei Wochen ein.
7. Erstelle für jeden einzelnen Sprinttag eine minutengenaue Agenda in Excel (Uhrzeit, Inhalt, Ziel, Methode und Ablauf, verantwortliche Person, benötigte Materialien).
8. Bleibe immer offen, flexibel und spontan beim Ablauf (Störungen haben Vorrang).
9. Begleite das Prototyping mit einem Facilitator pro Gruppe (oder mit Schritt-für-Schritt-Tutorials, z. B. für die Handhabung von SAP-Scenes).
10. Begleitet den Design Sprint zu zweit oder besser noch zu dritt (Aufbau, Umbau, Abbau etc.).
11. Sorge für eine angenehme Atmosphäre mit hochwertigen Snacks, Blumen, musikalischer Untermalung in Deep-Work-Phasen, Pausen etc.
12. Plane ein Get-together am Abend (nach der Ideation-Phase, dann werden Ideen am Abend ggf. noch vertieft und besprochen).

Visuelle Impressionen zu Design Sprints mit vielen Beispielen zu Vorstellungsrunde, Einsatz der Vernissage, Ideation und Dot Voting, Prototyping, Gamification und vielem mehr findest du in der Fotokollektion.

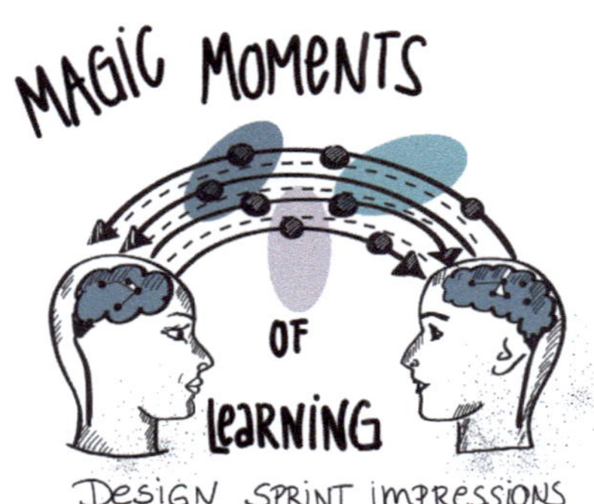

Magic Moments of Learning – Design Sprint Impressions

3.1.3.5 Smart-Learning-Facilitator-Programm

Das Smart-Learning-Facilitator-Programm ist eine viertägige Ausbildung, um Mitarbeitende eines Unternehmens inhouse zu Smart-Learning-MultiplikatorInnen zu entwickeln. Ziel ist es, das Unternehmen nachhaltig zu befähigen, Smart Learning strategisch zu verankern. Hierbei sollen Mitarbeitende auch unabhängig von externer Beratung in der Lage sein, das Konzept von Smart Learning im Unternehmen zu verbreiten. Die MultiplikatorInnen agieren als Rollenvorbild und motivieren andere Mitarbeitende, eigene Smart-Learning-Ansätze zu entwickeln.

Smart Learning strategisch verankern durch Lernbegleitung

In den vorhergehenden Abschnitten wurde bereits mehrfach auf die Relevanz von Lernbegleitung hingewiesen. Das Smart-Learning-Facilitator-Programm setzt genau an diesem Punkt bzw. dieser neuen Rolle an und kombiniert es mit weiteren Faktoren, die eine nachhaltige Wirksamkeit der internen Lernangebote gewährleisten. Dazu gehören Co-Creation, Relevanz, Selbst- und Mitbestimmung sowie Selbstverantwortung und auch Kollaboration. Wenn innovative Lernansätze und Formate in Ergänzung zu extern eingekauften Inhalten kontinuierlich auch von innen heraus entwickelt bzw. Mitarbeitende befähigt werden, intern wirksam zu werden, dann fungieren sie als interne BotschafterInnen. In dieser Funktion erhalten sie in der Regel viel Wertschätzung. Zudem kann auf diese Weise eine bessere Passung zwischen Angebot und Bedarf erzielt werden, da interne MultiplikatorInnen die Bedarfe im eigenen Unternehmen besser kennen als externe Agenturen und die Formate zusammen mit anderen Mitarbeitenden entwickeln.

Interne MultiplikatorInnen haben eine wichtige Funktion dabei, Mitarbeitende kontinuierlich zu fördern und gleichzeitig zu fordern. Sie nehmen eine zentrale Rolle im Konzept der Lernbegleitung ein und sollten daher strukturell verankert werden, da es nur auf diese Weise gelingen kann, den enormen kontinuierlichen Re- und Upskilling-Bedarf zu decken.

Die MultiplikatorInnen können auf vielfältige Weise intern wirken. Sie können Communities, Learning Circles oder auch Formate wie »Lunch & Learn« etablieren. Sie können Meet-ups oder auch Barcamps zum Thema Smart Learning anbieten und bei der Entwicklung abteilungsspezifischer Lernangebote unterstützen.

Externe Beratungen können natürlich punktuell oder auch für mehrere Monate einen Smart-Learning-Strategieprozess einleiten und hier die ersten wichtigen Maßnahmen umsetzen (vgl. unten). Für eine nachhaltige Transformation des lebenslangen Lernens im Unternehmen wird aber eine kontinuierliche (Weiter-)Entwicklung von Smart-Learning-Angeboten innerhalb des Unternehmens benötigt. Zum einen deshalb, weil ein Smart Learning Environment nie »fertig« ist. Es entwickelt sich kontinuierlich weiter. Das Ökosystem des Lernens verändert sich mit den darin agierenden Mitarbeitenden, den Strukturen und Markterfordernissen. Ein Smart Learning Environment muss sich den immer neuen Anforderungen anpassen. Zum anderen, da sich die Technologien und Möglichkeiten sehr schnell verändern. Das ist sehr gut am aktuellen Beispiel von ChatGPT4 (und den folgenden Versionen), all den dazugehörigen KI-Bildgenerator-Programmen wie Midjourney und DALL-E oder auch bei der Entstehung von Plattformen (LMS, LXP), KI-basierten Sprachassistenten oder auch den Entwicklungen rund um XR und Metaverse zu beobachten. Dazu kommen noch die vielen EdTech-Start-ups und immer neue mobile Dienste und Services. Um all diesen Anforderungen gerecht werden zu können, ist es sinnvoll, interne Kompetenzen auszubilden, um das lebenslange Lernen strategisch auf allen Ebenen zu fördern.

Kombination mit Smart Learning Community (Open Innovation)
Aber auch die MultiplikatorInnen müssen auf dem aktuellen Stand bleiben und ihr Wissen kontinuierlich ausbauen, um es intern entsprechend weitergeben zu können, sodass die gesamte Organisation davon profitiert. In diesem Zusammenhang ist eine Kombination zwischen Facilitator-Ausbildung und der offenen Smart Learning Community sinnvoll.

Während die Facilitator-Ausbildung inhouse mit ca. fünf bis zehn Mitarbeitenden eines Unternehmens durchgeführt wird, ist die Smart Learning Community ein Format, das auf Open Innovation beruht. Das bedeutet, dass hier viele unterschiedliche Unternehmen und Personen zusammentreffen, die sich alle aus verschiedenen Blickwinkeln dem Ziel von Smart Learning nähern möchten (vgl. Kapitel 3.1.3.1).

Der große Vorteil bei einem Open-Innovation-Ansatz ist, dass man die eigene »Organisationsbubble« verlassen kann und auch von Fragestellungen oder Anwendungsfällen in anderen Unternehmen erfährt. Das führt oft zu komplett neuen Ideen, auf die man sonst im eigenen Unternehmen gar nicht gekommen wäre.

Durch die Teilnahme an der offenen Smart Learning Community können die Kompetenzen kontinuierlich weiterentwickelt werden. Zudem kommen die Mitarbeitenden so in regelmäßigen Abständen in den Austausch mit anderen Learning Professionals, die ebenfalls Smart Learning bei sich im beruflichen Alltag verankern möchten. Man bleibt am Thema dran und hat immer die Möglichkeit, sich im Rahmen der Online-Communities Rat zu suchen und mit anderen zusammenzuarbeiten.

Das Facilitator-Programm als Format
Die viertägige Ausbildung vermittelt den Teilnehmenden ein Grundverständnis des Konzepts »Smart Learning«, zeigt Methoden und Formate auf, wie diese im Unternehmen entwickelt werden können und bietet darüber hinaus wichtige Denkanstöße, um an ersten potenziellen Ideen für das eigene Unternehmen zu arbeiten. Entsprechend gliedert sich die Ausbildung in vier Teile:

1. Smart Learning Environments – Einführung:
    - Werte und Leitbild
    - Inspiring Talk
    - Vernissage und Reflexion
    - HoLEX®-Framework mit Reifegradanalysen
    - Interpretation Reifegradanalysen mit Anwendung HoLEX®-Cards und Toolkit
2. Smart Learning Environments – Toolkit:
    - Nerdy Tech Talk
    - Tools for Learning (digital, analog, hybrid und virtuell)
    - Self-Exploration
    - Smart Learning Use Cases
    - Reflexion und Key Learnings
3. Smart Learning Environments – Formate:
    - New Work Talk
    - Design Thinking und Co-Creation
    - Communities, Barcamp, Design Sprint
    - Reflexion und Key Learnings
4. Smart Learning Environments – Future:
    - Futures Literacy Talk
    - Design Fiction und Metaversum
    - Futures Laboratory
    - Reflexion und Key Learnings

Einen Eindruck von der kompletten Learning Journey, die ich gemeinsam mit der Agentur hydra newmedia GmbH in Stuttgart umgesetzt habe, erhältst du über die Fotokollektion am Ende des Abschnitts.

Become a Smart Learning Superstar

Das Facilitator-Programm vermittelt Mitarbeitenden alle notwendigen Smart Learning Skills, um zu Vorbildern im eigenen Unternehmen zu werden. Die Ausbildung verfolgt dabei vier wesentliche Ziele, damit aus Mitarbeitenden Smart Learning Superstars werden:

1. Mitarbeitende erhalten einen tiefen Einblick in das Konzept von Smart Learning und verstehen das Warum, Was und Wie.
2. Mitarbeitende können als interne MultiplikatorInnen das Konzept von Smart Learning erklären und aktiv vorleben. Sie werden zu Vorbildern hinsichtlich »Lernen mit neuen Technologien«.
3. Mitarbeitende können Smart-Learning-Instrumente, -Methoden und -Formate anwenden, mitgestalten und anleiten.
4. Mitarbeitende können ihre KollegInnen inspirieren, coachen und begleiten bei der Konzeption, Durchführung und Implementierung sowie bei der kontinuierlichen Verbesserung der Smart-Learning-Angebote im Unternehmen.

Zertifizierung zum Smart Learning Facilitator für BeraterInnen

Die Zertifizierung zum Smart Learning Facilitator richtet sich an freie BeraterInnen oder Mitarbeitende von Beratungsagenturen und baut auf der viertägigen Ausbildung auf. Hier erfolgt nach der Ausbildung zum Smart Learning Facilitator eine Lizenzierung, um das Konzept inkl. HoLEX®-Framework und Toolkit im Beratungskontext kommerziell nutzen zu können. Bei Fragen dazu gebe ich gern Auskunft.

Wichtig ist, dass es Organisationen schaffen, punktuelle Weiterbildungsformate in ein kontinuierliches Lernsetting zu transformieren. Hierfür benötigen die Organisationen Strukturen, Konzepte und digitale, skalierbare Lösungen, um die Mitarbeitenden zu befähigen, on demand am Arbeitsplatz nach ihren Bedürfnissen zu lernen. Das Facilitator-Programm wird daher im optimalen Fall in eine umfassende Strategieentwicklung eingebunden. Nähere Details dazu folgen im nächsten Abschnitt.

Anbei noch die Fotokollektion zu »Magic Moments of Learning« aus der Facilitator-Ausbildung. Die Fotos verdeutlichen, wie die Facilitator-Ausbildung als Live-Online-Training gestaltet werden kann:

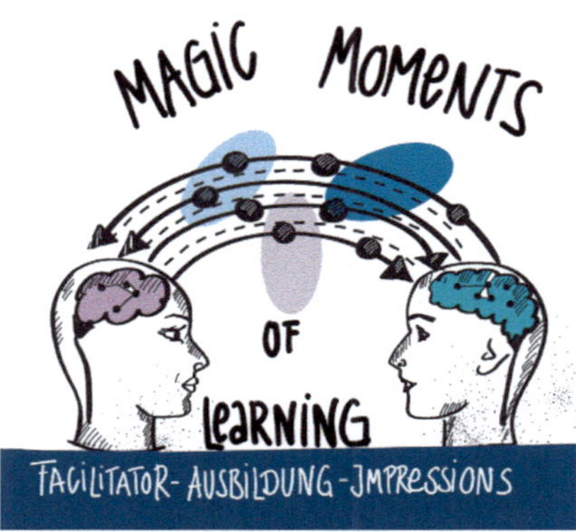

Magic Moments of Learning: Facilitator-Ausbildung-Impressions

3.1.3.6 Smart-Learning-Strategieentwicklung

Eine der größten Herausforderungen unserer Zeit ist, dass wir uns kontinuierlich neu erfinden müssen, um den globalen Anforderungen am Markt gerecht werden zu können. Wettbewerbsfähigkeit sicherstellen bedeutet im selben Atemzug, das lebenslange Lernen der Mitarbeitenden zu fördern. Aber wie komme ich da hin? Wie sieht der Weg konkret aus, den ich beschreiten muss, um zu einem erfolgreichen Lernangebot zu kommen, das alle Mitarbeitenden befähigt, in einer immer komplexer werdenden Welt erfolgreich zu arbeiten?

In der Praxis trifft man oft auf die Ansicht: Viel hilft viel. Also möglichst viele Plattformen und Inhalte extern einkaufen. Die Mitarbeitenden können sich dann selbst auswählen, was sie benötigen. Oder man lässt aufwendige Lernangebote in Agenturen entwickeln bzw. kauft maßgeschneiderte Lernprodukte ein. Das Problem dabei: Oft fehlt es an einer übergreifenden Strategie. Die Lernangebote werden nicht genutzt, oftmals weil Mitarbeitende gar nicht umfassend informiert sind, was angeboten wird. Viele wissen nicht, ob, wann und wie sie im Unternehmen lernen können, dürfen oder gar sollen. Dazu kommt das operative Tagesgeschäft, sodass eigentlich kaum Zeit zum aktiven Lernen bleibt. Der Workload ist bei vielen Mitarbeitenden bereits so hoch, dass täglich Überstunden anfallen, um überhaupt den aktuellen Zielen gerecht werden zu können. Wie soll hier lebenslanges Lernen stattfinden?

Zudem reichen ein bis zwei Kurse pro Jahr nicht mehr aus. Lernen kann in der VUCA-Welt nicht mehr so formalisiert stattfinden, wie wir es bisher gewohnt waren. Es muss sich wandeln, offen und agil werden. Anstatt in definierten Räumen zu festgelegten Zeiten ist Lernen heutzutage situativ und ubiquitär (allgegenwärtig). Durch den permanenten Wandel in einer an Komplexität zunehmenden Welt ist Lernen nicht mehr formal steuerbar, sondern findet überwiegend selbstgesteuert und lebenslang statt.

Dies kann aber nur erfolgreich gelingen, wenn sich nicht nur die Angebote, sondern auch die Rahmenbedingungen und Strukturen des Lernens an diese neuen Anforderungen anpassen.

Smart Learning Environments können als modernes Lernkonzept eine Antwort auf diese neuen Anforderungen sein. Smart Learning fördert und unterstützt Mitarbeitende dabei, unter den herausfordernden Bedingungen der neuen Arbeitswelt neue Märkte zu betreten oder neue Produkte, Services und Methoden zu etablieren.

Wie wirksame Smart-Learning-Angebote entwickelt werden können, wurde auf den vorhergehenden Seiten detailliert beschrieben. Ein weiterer, sehr wichtiger und abschließender Punkt ist meiner Meinung nach die strategische Verankerung des Konzepts in der L&D-Strategieentwicklung.

Damit Smart-Learning-Angebote ihre volle Kraft entfalten können, sind drei Herausforderungen zu meistern:

1. Lernförderliche Organisationskultur und -struktur etablieren
2. Maximale Passung von Lernlösungen und Bedürfnissen der Mitarbeitenden sicherstellen
3. Intrinsische Motivation und Spaß beim Lernen fördern

Auf o.g. Herausforderungen bin ich in den vorhergehenden Abschnitten bereits ausführlich aus verschiedenen Perspektiven eingegangen. In Anknüpfung daran soll es nun verstärkt um die strategische Verzahnung zwischen Personal- und Organisationsentwicklung gehen.

Agile Strategieentwicklung in iterativen Schritten

Im Folgenden möchte ich Beispiele eines Projekts vorstellen, in dem es nicht nur um eine kurzweilige Inspiration oder losgelöste Smart Learning Experience ging, sondern um die Entwicklung einer fundierten Smart-Learning-Strategie, die an die bisherigen L&D-Angebote anknüpft und sich an den übergeordneten Unternehmenszielen orientiert.

Der letzte Abschnitt bündelt somit alle bisher detailliert beschriebenen Methoden, Tools und Formate und systematisiert diese in einem sinnvollen Strategieentwicklungsprozess. Das Projekt habe ich gemeinsam mit der E-Learning-Agentur hydra aus Stuttgart umgesetzt. Unser Klient ist ein namhaftes Unternehmen, wobei sich die einzelnen iterativen Schritte auch auf andere Branchen und Organisationen übertragen lassen.

Das Initialprojekt umfasste acht Module, startete im Herbst 2021 und war zunächst auf eine Laufzeit von ca. sechs Monaten angesetzt, wobei die Produktions- und Rollout-Zyklen teilweise bis heute andauern. Da es sich hier um gänzlich andere Dimensionen im Hinblick auf Ressourcen, Aufwände und Investitionen handelt, ist es nicht verwunderlich, dass derartige Projekte keinen Standard in der täglichen L&D-Praxis darstellen. Insofern sind natürlich auch kleinere Smart-Learning-Projekte sinnvoll, sofern man strukturelle und strategische Gegebenheiten auf der Basis des HoLEX®-Frameworks im Blick behält und kontinuierlich darauf aufbaut. Wer fundiert und strategisch vorgehen möchte, dem empfehle ich eine Strategieentwicklung auf der Basis partizipativer Gestaltungsmethoden in folgenden Schritten: (1) Auftragsklärung und Management-Alignment, (2) Stakeholder Mapping und User Research, (3) Barcamp und Co-Creation, (4) Definition Challenges, (5) Empowerment der MultiplikatorInnen, (6) Durchführung Design Sprint, (7) Testing mit (8) Retrospektive und Ausblick.

3.1.3.6.1 Schritt 1: Auftragsklärung und Management-Alignment

Wie bereits erwähnt, sind Smart Learning Environments nie fertig bzw. nicht statisch zu betrachten. Ähnlich verhält es sich bei der Smart-Learning-Strategie. Im Rahmen der agilen Strategieentwicklung werden zunächst alle wesentlichen Elemente der Strategie definiert und festgelegt (insbesondere die Ziele und zu erwartenden Ergebnisse). Basis für das Vorgehen ist das Strategieentwicklungskonzept. In unserem Falle wurde mit dem Management ein partizipatives und kokreatives Vorgehen abgestimmt. Strategieentwicklung ist zunächst einmal eine Kernaufgabe der Unternehmensleitung, beinhaltet aber in wichtigen Teilaspekten auch die Beteiligung der Belegschaft. Klassisches Top-down-Management wurde mit Bottom-up-Ansätzen kombiniert, um auf der Basis der übergeordneten Ziele die passenden Lernangebote in Co-Creation entwickeln zu können.

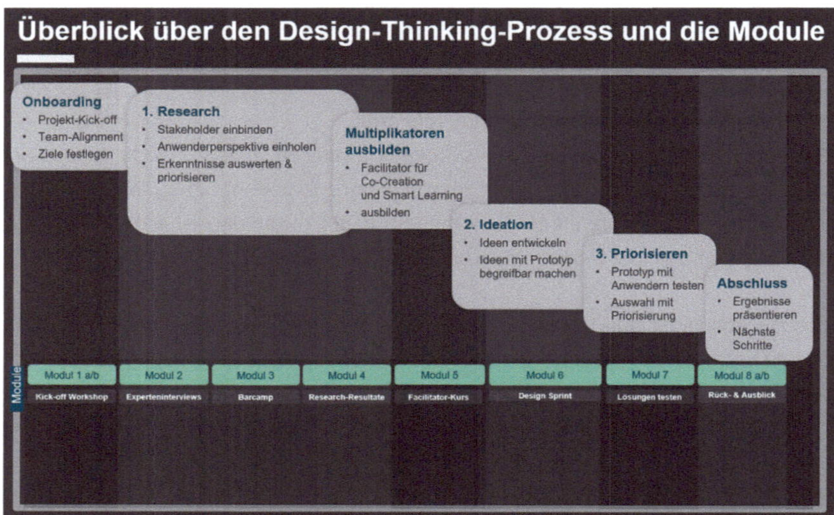

Acht Module der Smart-Learning-Strategieentwicklung auf der Basis von Design Thinking

Gemeinsam mit dem Management wurde also vereinbart, dass der methodische Ansatz von Design Thinking in die Smart-Learning-Strategieentwicklung implementiert wird (vgl. Abbildung).

3.1.3.6.2 Schritt 2: Stakeholder Mapping und User Research

Zu Beginn des Strategieentwicklungsprozesses ist es wichtig, dass man möglichst viele Informationen zu vorhergehenden Projekten und zur aktuellen Situation im Unternehmen erhält. Hilfreich ist hier eine Projektumfeldanalyse, die die aktuellen Rahmenbedingungen eines Projekts analysiert und insbesondere die betroffenen Interessengruppen (also die »Stakeholder«) eines Projekts identifiziert. Das Stakeholder Mapping bezeichnet hierbei ein strukturiertes Vorgehen, um alle am Projekt beteiligten Gruppen zu visualisieren. Die Stakeholder Map ermöglicht es darüber hinaus, die verschiedenen Gruppen und ihre Beziehungen zueinander zu erkennen. Das erlaubt in ganz unterschiedlichen Situationen eine effiziente Entscheidungsfindung durch Einbindung der entsprechenden Stakeholder. Insgesamt gewährleistet dies eine optimale Projektumsetzung auf der Basis von Partizipation und Co-Creation.

Ownership

Der besondere Mehrwert bei der aktiven Einbindung aller Stakeholder ergibt sich durch das implizite Gefühl von Ownership. »Ownership« bezeichnet ein Gefühl der Zugehörigkeit einzelner Teammitglieder zu einem Projekt oder Unternehmen und die daraus resultierende Bereitschaft, aktiv Verantwortung dafür zu übernehmen. In »Ownership« steckt also noch mehr als ein Gefühl – es ist einer der wichtigsten Grundpfeiler funktionierender L&D-Projekte und setzt sich aus emotionalen, psychologischen und soziologischen Aspekten zusammen:

- **Identifikation**
  Nur wer sich mit einem Ziel identifiziert, ist bereit, dafür einiges zu tun. Deswegen sind Identifikation und Beteiligung Grundvoraussetzungen für Ownership.
- **Gemeinschaftsgeist**
  Ownership in Teams kann nur funktionieren, wenn alle an einem Strang ziehen und sich bei allen Meinungsverschiedenheiten einem gemeinsamen Ziel verpflichtet fühlen.
- **Motivation**
  Ohne Motivation keine Identifikation, kein Gemeinschaftsgeist – und keine Ownership. Ein Mindset, das Ownership erlaubt, muss also auch eine große Portion Motivation aufweisen.
- **Bindung**
  Eine emotionale Bindung von Mitarbeitenden an das eigene Unternehmen ist nicht nur bei einzelnen L&D-Projekten förderlich. Wenn sich Teams grundsätzlich mit dem Unternehmen verbunden fühlen, für das sie arbeiten, sind sie in der Lage, Innovationen und Vorschläge seitens der Führungskräfte grundsätzlich wohlwollend zu begegnen. Die Offenheit gegenüber Neuem wächst dabei mit der Zufrie-

denheit der Mitarbeitenden. Und eine solche Offenheit ist notwendig, um für jedes neue Projekt Ownership zu erzeugen.

- **Engagement**
  Wenn alle diese Voraussetzungen gegeben sind, können Mitarbeitende vom reinen Gefühl der Identifikation mit dem Unternehmen ins aktive Handeln für das Unternehmen kommen. Hier tritt das Engagement auf den Plan. Damit gemeint ist der intensive Einsatz eines Menschen oder einer Organisation für eine Sache. Echtes Engagement kann nur aus einer persönlichen Motivation oder aus inhaltlicher Überzeugung heraus entstehen. Engagement und Ownership sind sich deshalb sehr ähnlich, wobei Ownership, wie der Name bereits andeutet, ein noch stärkeres Zugehörigkeitsgefühl meint. Dahinter steckt folgende Formel: Je mehr Miteinander zwischen Mensch und Unternehmen zustande kommt, desto eher wird ein Füreinander möglich.

Gerade Projekte aus dem Bereich Learning und Development profitieren von Ownership, da sich dieses Gefühl intern multiplizieren lässt. Je mehr Personen aktiv involviert werden, desto mehr Ownership, Motivation und Bereitschaft entsteht (vgl. Abbildung):

Wirksames Smart Learning Design erfordert Ownership

Beim Stakeholder Mapping differenziert man grundsätzlich zwischen unterschiedlichen Arten von Stakeholdern. Man unterscheidet z. B. zwischen internen (Mitarbeitende, Führungskräfte, Eigentümer, Betriebsrat etc.) und externen Stakeholdern (Lieferanten, Agenturen, Beratungen, Kunden, Behörden etc.) sowie zwischen primären (hoher Einflussgrad) und sekundären Stakeholdern (niedriger Einflussgrad).

Je nachdem, wie die Map hinsichtlich der Kategorisierungen und Beziehungen zueinander ausfällt, werden unterschiedliche Stakeholder-Gruppen definiert und dem jeweiligen Prozessmodul zugeordnet. Zu Beginn der Strategieentwicklung ist dies ein wichtiger Schritt, um einerseits Betroffene zu Beteiligten zu machen, indem man sie aktiv in die L&D-Strategieentwicklung einbindet, und um andererseits Maßnahmen für kritische Beteiligte zu initiieren. So können »widerständige« Akteure bereits im Vorfeld mit an Bord genommen werden.

User Research

Auf der Basis der Stakeholder Map wurden systematisch Personen ausgewählt, die für die User Research relevante Informationen beisteuern können. User Research ist ein sehr wichtiger Bestandteil im Rahmen der Strategieentwicklung. Deshalb werden systematisch alle Daten zur Zielgruppe erhoben und – falls noch nicht vorhanden – sogenannte Personas auf der Basis von Interviews entwickelt. In unserem Projekt wurden zwei wesentliche Perspektiven abgefragt bzw. Daten zur Nutzergruppe der Lernenden im Unternehmen sowie auch allgemeine Bedürfnisse im Kontext struktureller Rahmenbedingungen beim Lernen erhoben.

Die Interviews wurden mithilfe eines Fragenkatalogs pro Stakeholder-Gruppe durchgeführt und mit einer Reifegradanalyse pro Interviewpartner auf der Basis des HoLEX®-Frameworks abgerundet. Auf der Grundlage der strukturierten Datenerhebung wurden dann die ersten Key Findings abgeleitet und in Reports kumuliert.

3.1.3.6.3 Schritt 3: Das Anwender-Barcamp

Wie bereits im Abschnitt zu »Ownership« angesprochen, ist es wichtig, möglichst viele Personen in die Ausgestaltung neuer Lernstrategien einzubinden. Die Einbindung muss nicht im gesamten Strategieprozess erfolgen, sondern kann auch punktuell stattfinden. Das Anwender-Barcamp hatte im Rahmen der Strategieentwicklung zwei wesentliche Ziele:

1. Die Mitarbeitenden begeistern und immersive Möglichkeiten von Smart Learning aufzeigen
2. Die bisherige User Research von der Stakeholder-Gruppe auf die Belegschaft bzw. das erweiterte Projektteam erweitern

Das Barcamp lief im Wesentlichen wie in Kapitel 3.1.3.2 beschrieben ab. Es gab natürlich ein paar Spezifikationen, die sich insbesondere auf die Durchführung einer Live-Online-Variante bezog. Das Projekt wurde während der Corona-Pandemie umgesetzt, das heißt, dass alle Formate ausschließlich online stattfinden konnten.

In einem On-Site-Setting hat man bei einem Barcamp natürlich andere Möglichkeiten, aber auch in einem Live-Online-Barcamp kann man nahezu alles umsetzen, wenn auch anders. Denn auch in der Online-Variante war die hybride Vernissage Teil des Barcamps, verbunden mit dem Ziel, Grundlagen zum Thema zu vermitteln und in kleinen Erklärvideos das HoLEX®-Framework mit den Erfolgsfaktoren zu erklären.

Der große Vorteil an einer hybriden Vernissage (vgl. Kapitel 3.1.2.1) ist ja gerade, dass man die Inhalte flexibel nutzen kann. Entsprechend haben wir explorative Elemente im Rahmen einer digitalen Ausstellung umgesetzt:

Beispiele für die Smart-Learning-Strategieentwicklung in einem Remote Setting (Module 3 bis 8)

Alle Teilnehmenden haben im Rahmen des Barcamps das HoLEX®-Framework kennengelernt und eine Reifegradanalyse durchgeführt. Diese Daten wurden in die bisherige Datenerhebung aufgenommen und in entsprechenden Reports zusammengefasst.

3.1.3.6.4 Schritt 4: Definition von Kernthemen und Challenges

Normalerweise wird eine Design Sprint Challenge von einer kleinen Gruppe von Personen in einem Unternehmen vorgegeben (vgl. Kapitel 3.1.3.4) oder sogar erst im Design Sprint selbst definiert. Uns war es beim partizipativen Ansatz wichtig, Problemstellungen von den Mitarbeitenden definieren zu lassen, damit sie Einfluss auf die neuen Angebote nehmen können. Die Challenge ist das zentrale Element im gesamten Gestaltungsprozess und unterstützt das Gefühl von Ownership, sofern die Lernenden hier involviert werden. Die Challenge definiert die aktuelle Problemstellung (bzw. mehrere) und ist als Frage formuliert, sodass es im Prozess leichter fällt, Antworten als mögliche Lösungen zu entwerfen.

Wir haben bei der Definition der Design Sprint Challenges bewusst das Prinzip der Co-Creation mit der Strategieentwicklung kombiniert. Grundlage der Problemdefinition waren die Ergebnisse aus unterschiedlichen Formen der User Research. Wir haben alle vorliegenden Daten zusammengefasst, verglichen und priorisiert. Man kann sich vorstellen, dass auf der Basis einer so großen Datenmenge im Ergebnis mehr als nur eine Design Sprint Challenge herausgekommen ist.

Für diese Challenges wurden entsprechende Lösungen gesucht, die in einem Design Sprint innoviert werden sollten. Zuvor jedoch war es aus strategischer Perspektive sinnvoll, jene Personen zu empowern, die zum einen am Design Sprint teilnehmen und zum anderen auch nach dem Projekt die Smart-Learning-Lernangebote intern begleiten sollten.

3.1.3.6.5 Schritt 5: Facilitator-Ausbildung und Empowerment der MultiplikatorInnen

Die Relevanz interner MultiplikatorInnen wurde bereits in Kapitel 3.1.3.5 im Detail erläutert. Im Kontext der Strategieentwicklung ist es besonders wichtig, interne Rollenvorbilder zu etablieren, die die Mitarbeitenden auf ihrem Weg des lebenslangen Lernens professionell begleiten können.

Viele Studien haben gezeigt, dass viele Mitarbeitende nicht per se in der Lage sind, selbstverantwortlich zu lernen. Zudem gibt es fortwährend neue Tools und Methoden, sodass es den Mitarbeitenden schwerfällt, sich hier selbst kontinuierlich im Loop zu halten. Wirtschaftlich betrachtet ist es zudem nicht sinnvoll, wenn quasi mehrere Hundert oder gar Tausende von Mitarbeitenden Zeit damit verbringen, nach geeigneten Tools für das Lernen zu suchen. Es ist nicht nur strategisch, sondern v. a. auch wirtschaftlich gesehen sinnvoll, geeignete Methoden und Tools durch MultiplikatorInnen empfehlen zu lassen, die allen das lebenslange Lernen erleichtern.

Daher ist es extrem wichtig, dass es andere Mitarbeitende im Unternehmen gibt, die im Sinne von Peer Learning ihre KollegInnen dazu motivieren, sich kontinuierlich und selbstverantwortlich weiterzubilden. Hierfür bedarf es nicht nur der entsprechenden Formate und Angebote, sondern eben auch entsprechender Strukturen, die z. B. durch die Etablierung neuer Rollen wie z. B. der »Lernbegleitung« ausgebildet werden können.

3.1.3.6.6 Schritt 6: Der Design Sprint

Aufbauend auf den User-Research-generierten Challenge-Definitionen wurde ein dreitägiger Design Sprint angesetzt. Ziel war es, optimale Smart-Learning-Lösungen für die Challenges zu identifizieren und erste Prototypen dafür zu entwickeln. Methodisch wurden hier unterschiedliche Ansätze aus Brainwriting, Inspiration Shopping, Ideation, Dot Voting, Service Description, Value Proposition, Storytelling und Prototyping kombiniert. Die einzelnen Phasen eines Design Sprints wurden bereits in Kapitel 3.1.3.4 beschrieben.

Ich durfte schon viele Design Sprints begleiten. Alle waren von einem hohen Maß an Motivation, Engagement und Kreativität gekennzeichnet. Diese intensive Art der kokreativen Zusammenarbeit setzt Energien frei, die zuvor nicht denkbar waren. Dieser Design Sprint war aber noch einmal etwas Besonderes – das lag vor allem an zwei Dingen:

1. Die Teilnehmenden waren optimal vorbereitet in der Design-Sprint-Methodik sowie zum Smart-Learning-Konzept. Daher konnten wir direkt in die produktive Innovationsarbeit einsteigen und waren so effizienter.
2. Die Teilnehmenden zeigten bereits vor dem Design Sprint ein hohes Maß an »Ownership«, das sich durch den gesamten Design Sprint sowie auch danach äußerst positiv auf die Entwicklung der Ergebnisse sowie auf den weiteren Verlauf des Projekts ausgewirkt hat.

Es wurde deutlich, dass sich das Sprint-Team mit insgesamt neun Teilnehmenden der hohen Bedeutsamkeit der zu entwickelnden Formate bewusst war. Sie brachten mehrfach ihre Wertschätzung zum Ausdruck, dass sie in diesen Prozess der Entwicklung involviert wurden.

Das Sprint-Team war durch die überaus hohe Motivation sowie die professionelle Begleitung in der Lage, nicht nur eine Lösung, sondern gleich 15 zu entwerfen. Das ist einmalig in meiner bisherigen Erfahrung als Smart Learning Senior Advisor, zumal die Qualität der Ergebnisse sehr hoch und mit anderen Sprints vergleichbar war. Entsprechend hochrangig besetzt war auch das Facilitator-Team. Es bestand aus sechs Personen und umfasste neben dem Creative Director, General Manager und Smart Learning Senior Advisor auch den Design Sprint Facilitator, UX-Designer und Project Manager, die jeweils punktuell, davor, währenddessen oder auch im Anschluss aktiv wurden.

Wie kann es gelingen, dass neun Personen in drei Tagen 15 Lösungen entwickeln? Essenziell ist die Vorbereitung eines Design Sprints. Aus meiner Erfahrung würde ich sagen, dass ein Remote Design Sprint noch aufwendiger ist als in einem Präsenzformat. Der Vorteil ist allerdings, dass man anschließend alles wunderbar wiederverwenden kann.

Um neun Personen optimal bei einem Design Sprint begleiten zu können, muss man im Vorfeld sehr vieles vorbereiten. Jede Minute wird im Vorhinein geplant und methodisch durchdacht, damit die Ergebnisse eines Design Sprints so hochwertig und effizient wie nur möglich sind. Für die Dokumentation der Ergebnisse sowie das anschließende Testing haben sich insbesondere Videos bewährt, da diese die Lösungen in sehr kurzer Zeit präzise erklären und darüber hinaus mit wenig Aufwand im Unternehmen geteilt werden können. Die Einbindung in nachgelagerte Testing-Szenarien ist damit einfach und kostensparend möglich. Hierfür ist es allerdings wichtig, dass das Video alle relevanten Informationen enthält. Zu diesem Zweck gibt es Vorlagen wie die typische Service Description (vgl. Kapitel 3.1.1), also die konkrete Beschreibung der Lösung auf einem A4-Blatt. In unserem konkreten Fall hatten wir diese zu einem zweiseitigen »Solution-Steckbrief« erweitert, um so die Lücke zum Drehbuch optimal zu schließen. Mit dem Drehbuch wird die Lösung dann in einem zweiten Schritt in den detaillierten Nutzungskontext der Personas gesetzt. Ein neues KI-Tool, das man mit Personas »füttert« und mit dem man automatisierte Drehbücher erstellen lassen kann, ist übrigens https://userdoc.fyi/.

Ein Drehbuch dient als Vorlage für das Video, das die Lösung zusammenfasst. Es enthält die Geschichte in Bildern und beinhaltet Charaktere, Ausstattung, Licht- und Wetterverhältnisse, Geräusche, Innen- oder Außenmotive sowie erste Software-Mock-ups mit Website- oder App-Entwürfen. Außerdem werden die Handlungen und Dialoge der Figuren in den einzelnen Szenen festgehalten. Das Drehbuch enthält also das, was die Kamera bzw. potenzielle TesterInnen sehen.

Für die TeilnehmerInnen des Design Sprints gab es eine Schritt-für-Schritt-Drehbuch-Anleitung zusammen mit einem Best-Practice-Beispiel zum Thema »Pre-Boarding«, mit dem jedes einzelne Team in der Lage war, innerhalb von ca. 120 Minuten seine eigenen Lösungen in einem SAP-Scenes-Video auf der Basis von PowerPoint umzusetzen.

Die Fotokollektion in Kapitel 3.1.3.4 zeigt, wie auf der Basis der Ideation der erste Solution-Steckbrief und danach das Drehbuch entwickelt wurden. In einem Remote-Setting benötigt man meiner Meinung nach noch detailliertere Templates, da die Teams über zwei Stunden hinweg überwiegend allein in PowerPoint arbeiten und die Zusammenarbeit etwas umständlicher ist. Mithilfe der vorbereiteten »Best-Practice-Drehbücher« ist es dennoch allen Remote-Teams gelungen, ihre Lösungen als SAP-Scenes-Video zu präsentieren.

Die Personen

Made with Scenes Work created with Scenes™ by SAP AppHaus. https://experience.sap.com/designservices/scenes. Scenes™ is a trademark of SAP SE.

Video: Smart Learning Prototype: Ein Best-Practice Beispiel mit dem Titel »Wow-Preboarding«

3.1.3.6.7 Schritt 7: Lösungen testen

Nach dem Design Sprint erfolgte das Testing mit insgesamt 15 Lösungen. Hierfür musste zunächst ein Testing-Konzept entwickelt werden. Also wer testet welche Lösung auf welche Art und Weise? Wie werden die Daten erhoben und ausgewertet?

Ziel ist es herauszufinden, welche der Lösungen nachhaltiges Potenzial haben. Darüber hinaus geht es auch darum, Optimierungspotenziale zu identifizieren, um in einer möglichen nächsten Iteration direkt daran anzuknüpfen. Im vorliegenden Projekt ging es außerdem um die Priorisierung der Lösungen, um ein Lösungsranking zu erhalten.

Methodisch geht man in der Regel so vor, dass man zunächst überlegt, wer die richtigen Personen für diese Evaluation sein könnten. Diese werden kontaktiert und bei Einwilligung werden Termine (ca. eine Stunde, on-site oder remote) vereinbart. Anschließend erstellt man die quantitativen und/oder qualitativen Erhebungsinstrumente, also Fragebögen und/oder Bewertungsskalen und lässt dann die jeweiligen Prototypen in einer Live-Demonstration testen. Während der Demonstration werden die Testergebnisse z. B. im einem Miro-Board dokumentiert (vgl. Kapitel 3.1.3.6.3).

Nach dem Testing mit unterschiedlichen Personengruppen kann man dann die Ergebnisse vergleichen und für ein Ranking sowie die nächste Iterationsstufe zusammenfassen (vgl. Kapitel 3.1.3.6.3).

3.1.3.6.8 Schritt 8: Retrospektive und nächste Schritte

Das letzte Modul beinhaltete eine Rückschau auf den gesamten Strategieentwicklungsprozess sowie einen Ausblick auf die nächsten Schritte vor allem im Hinblick auf das Ranking der besten Solutions. Welche der Lösungen wird wann und wie weiterentwickelt, geplant, produziert und implementiert? Worauf sollte in diesem Prozess geachtet werden? Gab es »blinde Flecken« im Zuge der bisherigen Strategieentwicklung?

Parallel zur Entwicklung der konkreten Lernlösungen wurden im Rahmen der Strategieentwicklung auch strukturelle Empfehlungen ausgesprochen. Ziel war es dabei, den Roll-out der Smart-Learning-Solutions bestmöglich zu unterstützen, indem nicht nur das Angebot, sondern auch die Rahmenbedingungen des Lernens verbessert werden sollten. Hierfür wurden auf der Basis des gesamten Strategieentwicklungsprozesses insgesamt 16 strategische Empfehlungen identifiziert und beschrieben.

3.1.3.6.9 Fazit

Partizipative und auf Co-Creation beruhende Methoden können gängige Probleme in der Lernangebotsgestaltung lösen, sofern sie strategisch verankert werden. Ein Strategieprojekt allein reicht hier jedoch nicht aus. Letztlich müssen nach dem Projekt die Erkenntnisse in konkrete Maßnahmen, implizite Werte und Praktiken einfließen, die ein lernförderliches Umfeld schaffen, sodass die Mitarbeitenden gemeinsam kontinuierlich wachsen können.

Ein Strategieprojekt dieser Art ist der Startpunkt in die richtige Richtung. Letztlich gilt es, Routinen auszubilden, die auf den Ergebnissen aufbauen und das lebenslange Lernen auf allen Ebenen unterstützen (vgl. Abbildung).

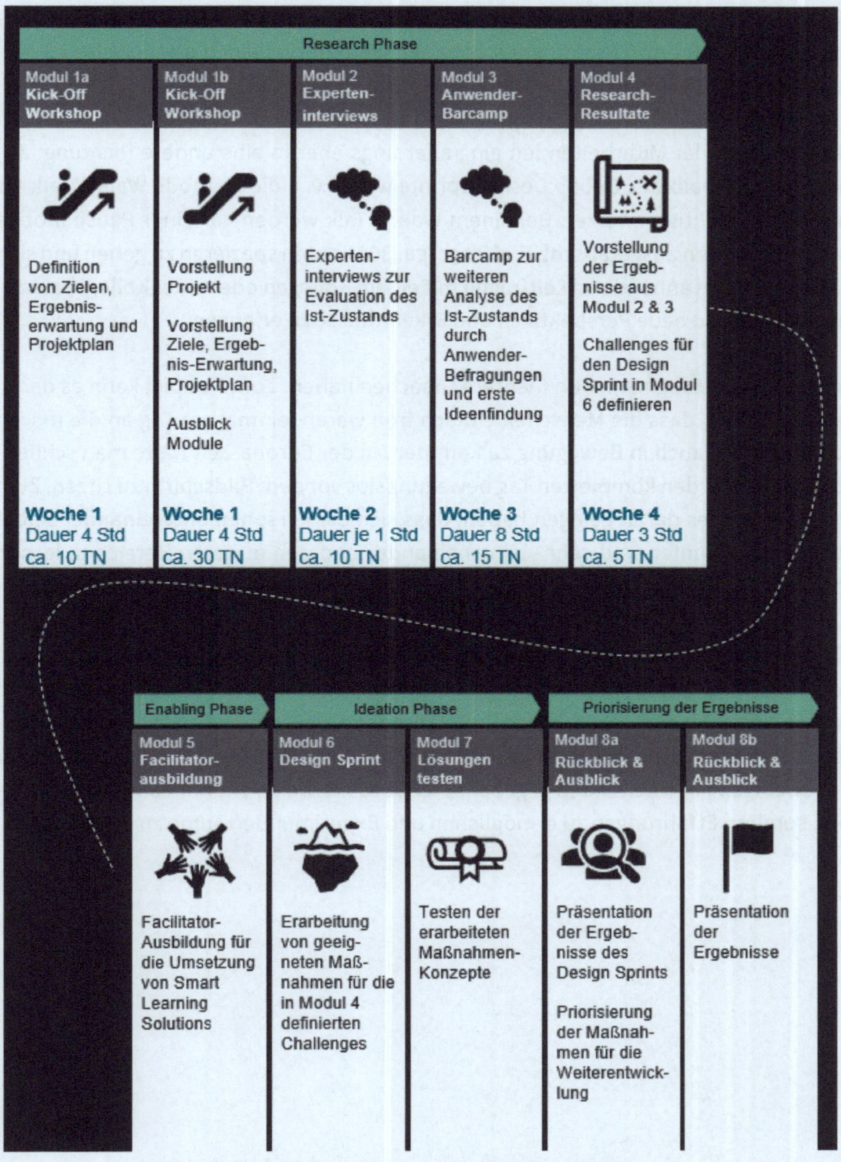

Smart-Learning-Strategieentwicklung in vier bis sechs Monaten im Überblick

Was ich persönlich gelernt habe, war, dass es viel mehr auf menschliche Beziehungen als auf technologische Lösungen ankommt. Oft geht man davon aus, dass digitale Lernangebote in der Lage sind, den Bedarf der Lernenden zu decken, beispielweise auch durch gamifizierte oder immersive Lösungen. In unserem konkreten Fall haben wir uns im Vorfeld viele Gedanken gemacht, welche Konzepte und Technologien sinnvoll wären. In diesem Zusammenhang haben wir natürlich auch an typische 3D-Modelle gedacht, die immersive Lernerlebnisse ermöglichen.

Das Feedback der Mitarbeitenden ging allerdings eher in eine andere Richtung. Zumindest innerhalb des Online Design Sprints wurde v. a die Methode Walk'n'Talk als besonders effektiv bewertet. Bei einem Walk'n'Talk werden vor einer Pause mobile Telefonnummern ausgetauscht. Ziel ist es, ca. 30 Minuten spazieren zu gehen und sich währenddessen anhand von Leitfragen mit einem Kollegen oder einer Kollegin auszutauschen, um so neue Perspektiven und Erkenntnisse zu erlangen.

Die gute Bewertung kann nun mehrere Ursachen haben. Zum Beispiel kann es daran gelegen haben, dass die Menschen einfach froh waren, einmal am Tag an die frische Luft und dabei auch in Bewegung zu kommen. In der Corona-Zeit hatte man schließlich das Gefühl, den kompletten Tag bewegungslos vor dem Bildschirm zu sitzen. Zum anderen kann es daran gelegen haben, dass sich die Personen untereinander selbst noch wenig kannten und sehr viel voneinander und den anderen Bereichen lernen konnten.

Für die (strategische) Entwicklung von Smart Learning Environments bedeutet dies, dass man zunächst immer die Menschen selbst fragen sollte, was sie brauchen und was sie sich wünschen. Smart Learning ist immer eine Kombination aus unterschiedlichen Lernelementen, die zusammengenommen eine wirksame Learning Journey für die jeweiligen Mitarbeitenden ergeben. Ziel ist es hierbei, nicht nur Fakten zu vermitteln, sondern Erfahrungen zu ermöglichen und Experimentierräume zu eröffnen.

4 Check-out

Das Buch naht sich nun dem Ende, aber für dich wird es vielleicht der Anfang sein von neuen Denkweisen, Ideen und Praktiken. Vielleicht hat dich das Buch dazu inspiriert, neue Experimentierräume zu erkunden oder für andere zu öffnen?

Hier ist meine ganz persönliche letzte Hologramm-Botschaft für dich.

In den letzten Kapiteln habe ich dich auf meine persönliche Reise zum Thema Smart Learning Environments mitgenommen. Ich bin davon überzeugt, dass wir Lernen in Organisationen (und auch in öffentlichen Bildungsbereichen) neu denken und multidisziplinär gestalten müssen, um in dieser komplexer werdenden Welt auch in Zukunft noch glücklich leben und arbeiten zu können. Wir stehen vor großen Herausforderungen in Gesellschaft, Politik und Wirtschaft. Corona und der Ukraine-Krieg haben uns gezeigt, wie schnell sich die Welt von heute auf morgen ändern kann.

Keiner weiß, wie unser Leben in fünf bis zehn Jahren aussehen wird. Wir können die großen Probleme unserer Welt mit Klimakrise und innerhalb der globalen wirtschaftlichen Zusammenhänge nur lösen, wenn wir junge Menschen und auch Erwachsene darin bestärken, neue Wege einzuschlagen, um gesamtgesellschaftliche Lösungen zu innovieren. Menschen lernen gern und auch effektiv, sofern sie die entsprechenden Möglichkeiten dazu vorfinden. Optimale Rahmenbedingungen zum lebenslangen Lernen von außen zu erzeugen, ist eine komplexe Aufgabe. Ich habe versucht, diese Aufgabe aus unterschiedlichen Perspektiven zu beleuchten, und konkrete Instrumente, Tools und Methoden vorgestellt, wie man sich diesen Herausforderungen aus der Verschmelzung zwischen Bildungswissenschaften mit Design- und Technologie-Knowhow nähern kann.

Natürlich ist dieses Buch nur ein kleiner Ausschnitt im Vergleich zur Komplexität unserer Welt und wir werden kaum in der Lage sein, jemals alle Faktoren, Verbindungen, Wechselwirkungen sowie mikro- bis makrosystemischen Einflüsse vollständig zu beschreiben und nachzuvollziehen. Wir müssen lernen, mit Komplexität und Unsicherheit umzugehen, und wir benötigen Methoden, Strukturen und Instrumente, die uns dabei helfen.

Mir war es wichtig zu zeigen, dass komplexe Anforderungen auch komplexe Gestaltungsarbeit bedeuten. Das impliziert andere und ggf. auch mehr Arbeit, ggf. mehr Aufwände und auch mehr Budget. Meiner Meinung nach ist es essenziell, mehr in Bildung zu investieren, denn nur so kann es gelingen, unsere Zukunft zu sichern und so zu gestalten, wie wir es uns wünschen. Dabei hat die Gestaltung von Lernen und die Art und

Weise der Anwendung von Design und neuen Technologien einen enormen Impact auf allen Ebenen des Lernens im Hinblick auf den Lernerfolg.

Ich hoffe, dass ich hier einen wertvollen Beitrag zum Lernen der Zukunft leisten konnte, indem ich verschiedene Methoden und Fachkenntnisse aus den Bereichen Design, Bildungs- und Sozialwissenschaften wie auch Informatik kombiniert habe. Mein Wunsch für die Zukunft lautet:

Bildung besser machen.

Damit wir dieses Ziel gemeinsam erreichen können, plädiere ich für transdisziplinäres und vernetztes Denken und Gestalten, das in Zukunft immer wichtiger werden wird.

4.1 Ausblick: Zukunft gestalten auf der Basis von Open Innovation

Niemand kann alles wissen oder kennen, vor allem nicht, wenn es um vernetztes Denken, das Lösen von Problemen oder die Analyse komplexer Zusammenhänge geht. Daher ist es wichtiger denn je, mit anderen zusammenzuarbeiten. Und zwar nicht nur innerhalb des Unternehmens, sondern unternehmensübergreifend. Dies hat viel mit Kooperation und Partnerschaft im Sinne eines Open-Innovation-Ansatzes zu tun, zumindest dort, wo eine direkte Wettbewerbssituation ausgeschlossen werden kann.

Deutschland steht zunehmend unter wirtschaftlichem Druck und in Konkurrenz zum globalen Markt. Nur wenn es uns gelingt, Deutschland im Kontext Lernen und Bildung nach vorn zu bringen, werden wir auch die globale Wettbewerbsfähigkeit sichern können. Das lebenslange Lernen sowie die Aus- und Weiterbildung unserer jungen Menschen ist der wirksamste Hebel, den wir haben. Wir sollten ihn nutzen und unsere Zukunft schon heute so gestalten, dass es eine nützliche und erstrebenswerte Zukunft für unsere Gesellschaft wird.

Insofern lade ich dich herzlich zu unserer LinkedIn-Community ein, da wir dort die Gedanken des Buches aktiv aufgreifen und weiter ausarbeiten werden. Wie du weißt, ist mir das Co-Creation-Prinzip sehr wichtig und ich fände es sehr bereichernd, viele unterschiedliche Meinungen zum Thema bündeln zu können. Zudem werde ich dort regelmäßig neue Templates, Video-Anleitungen, OER-Materialien und relevante Fundstücke aus dem Internet mit dir teilen.

Wenn auch du weiterhin im Loop bleiben, dein Netzwerk erweitern und Neues rund um Smart Learning erfahren und lernen möchtest, dann werde Mitglied in unserer Smart Learning Community.

Die Reise hat erst begonnen. Wer weiß, wie weit die Technologien in den nächsten Jahren fortgeschritten sein werden. Alles, was du hier in diesem Buch gesehen, getestet oder auch gelesen hast, wird in wenigen Monaten bereits veraltet sein. Was bleibt, sind die Herausforderungen und das methodisch-strukturelle Set-up. Auch hier wird es kontinuierliche Veränderungen und Anpassungen geben, die hoffentlich fleißig in unserer Online-Community zum Buch geteilt werden. Ich würde mich freuen, wenn auch du ein aktiver Teil der Community bist und so die Möglichkeit des vernetzten Peer-Learnings nutzt, um dich jederzeit mit anderen zum Thema auszutauschen.

Unsere Mission lautet: Create experiences – not lessons. Sofern du es nicht bereits getan hast, scanne den QR-Code und werde Teil unserer Online-Community auf LinkedIn.

Ich bin mittlerweile ein Mensch von insgesamt 8,10 Milliarden Menschen auf diesem Planeten (Stand der Weltbevölkerung im August 2023, www.countrymeters.info). Jeder und jede Einzelne von uns hat Verantwortung für sich, für sein und ihr nächstes Umfeld und bedingt auch für die gesellschaftlichen Entwicklungen, die wir in den nächsten Jahren erwarten werden.

Meine Empfehlung: Sei aktiv, bring dich mit deinen Ideen, Gedanken und Lösungen konstruktiv ein und werde zum Gestalter wünschenswerter Zukünfte. Für dich, deine Familie und alle nachfolgenden Generationen.

4.2 Danksagung

An dieser Stelle möchte ich allen Menschen danken, die mich auf meiner persönlichen Reise begleitet, inspiriert, gestützt und zum Nachdenken gebracht haben. Beruflich wie privat habe ich das Glück, wunderbare Persönlichkeiten zu kennen, von denen ich sehr viel lernen konnte und die mich in vielerlei Hinsicht maßgeblich geprägt haben.

In diesem Buch sind viele Ideen und Anregungen aus vielfältigen Quellen zusammengekommen, insbesondere aus den vielen Projekten unterschiedlicher Klienten, denen ich für ihr Vertrauen und die inspirierende Zusammenarbeit danken möchte. Darüber hinaus durfte ich mehrere (auch ehrenamtliche) Engagements begleiten, die mich bis heute maßgeblich geprägt haben. Deshalb möchte ich besonders danken:

- Der Smart Learning Community mit den Smart Learning Pirates, die mit so viel Elan, Neugier und Anderssein mein Leben kontinuierlich bereichern u.a. Leonie Barenbrock, Susanne Opel, Maria Elisabeth Matthäus, Martina Pumpat, Dominik Frommherz, Corinna Braun, Carina Ebli-Korbel, Daniela Engelhard, Ilona Arcaro, Rita Starkl, Franziska Richter, Svenja Hallerberg, Lisa Hengl, Daniella Cunha Teichert, Yvonne Wetsch, Simon Qualmann, Simone Engelhard, Anati Olzinger u. v. m.

- Jasmin Mühlbach und Ricarda Kleine für die schönen, intensiven und erfolgreichen Jahre bei Bosch, in denen wir so viel Neues auf den Weg gebracht haben. Weiterhin möchte ich der gesamten Bosch Gruppe und den vielen inspirierenden KollegInnen danken, die mich in meinem innovativen Arbeiten unterstützt und gefördert haben.
- Isabella Gipson für die Möglichkeit, als MERGE Ambassador in Deutschland wirken zu dürfen.
- Sünne Eichler mit der LEARNTEC-Crew für bleibende Momente in Karlsruhe, u. a. Britta Wirtz, René Naumann, Nicola Vollmar, Shih-Wei-Lo, Thomas Jenewein, Stefan Diepolder, Nicole Bußmann, Sascha Reimann u. v. m.
- Tanja Föhr für die wunderbaren Illustrationen im Buch, v. a. die kleinen Sirkkas finde ich bezaubernd.
- Dr. Bernhard Landkammer, der mich mit großer Geduld verlagsseitig betreut und beraten hat.
- Ursula Thum für das professionelle und akribische Lektorat sowie die wunderbare Zusammenarbeit im gesamten Lektoratsprozess.
- Susanne Opel für das Überarbeiten der Podcast-Videos mit Intro, Outro, Sound und Bauchbinden.
- Der Corporate Learning Community, durch die ich die letzten Jahre unglaublich viel lernen durfte, u. a. Karlheinz Pape, Dr. Anja C. Wagner, Dr. Daniel Stoller-Schai, Dr. Jochen Robes, Simon Dückert, Thomas Küll, Oliver Ewinger, Marcel Kirchner, Prof. Dr. Werner Sauter u. v. m.
- Meinem LinkedIn-Netzwerk, das mir täglich wertvolle Insights in die Timeline liefert, u. a. Dr. Anja C. Wagner, Jöran Muuß-Merholz, Thomas Jenewein, Jan Foelsing, Maike Küper, Jacob Chromy, Sascha Pallenberg, Sun Joo (Grace) Ahn, Beat Döbeli Honegger, Dr. Miriam Meckel, Dr. Lea Steinacker, Lena Marbacher, Sirka Laudon, Katharina Krentz, Vera Schneevoigt u. v. m.
- rooom AG mit allen rooomies, die mich bei der Erstellung der Hologramme, der 3D-Spaces sowie des Buches insgesamt immerwährend unterstützt haben, u. a. Hans und Peter Elstner, Mona Markmann, Phil Illner, André Pietsch, Natalie Weigelt, Aimée Henning u. v. m.
- allen GastautorInnen sowie meinen Gästen im Interview, die die jeweiligen Themenfelder als Text oder Video-Podcast aus ihrem Blickwinkel erweitert und somit einen wichtigen Beitrag zur Perspektivenvielfalt in diesem Buch geleistet haben. Herzlichen Dank an Prof. Dr. Thomas Köhler, Dr. Andrea Augsten, Dr. Moritz Gekeler, Prof. Dr. Anja Schmitz, Jan Foelsing, Dr. Christopher Krauss.
- Petra Wiedenbach, die mich seit meinem 16. Lebensjahr begleitet, ihren Beruf zur Berufung gemacht hat und für mich immer ein positives Rolemodel war.
- Meinem Sohn, Alec Freigang, der mich mit seiner kindlichen Neugier und Kreativität stets inspiriert, etwas Neues auszuprobieren. Vielen Dank auch dafür, dass im Zuge des Buches mehrere Lego-Prototypes entstanden sind, die die entsprechenden Kapitel grafisch begleiten. Großer Dank geht auch an meinen Ehemann, Gor-

don Freigang, der mit außerordentlicher Fürsorge für mich die Arbeit an meinem Buch (und zuvor an der Dissertation) über viele Jahre hinweg unterstützt hat.

Ich war sehr bemüht, die Copyright-InhaberInnen der verwendeten Zitate, Texte, Abbildungen und Fotos zu ermitteln. Bei den Fotokollektionen wurde vorab schriftlich eine Fotoerlaubnis eingeholt. Sollte ich jemanden übersehen haben, so bitte ich die Copyright-InhaberInnen, sich mit mir in Verbindung zu setzen (sirkka@sirkkafreigang.com). Gern kann ich einzelne Fotos auch entfernen.

Ich hoffe, die GastautorInnen und ich konnten dich maximal inspirieren und dich in Lernwelten entführen, die dir bis dato noch eher unbekannt waren. Ich hoffe auch, dass ich dich von der Vielzahl an neuen Lernmöglichkeiten begeistern und dich gleichzeitig motivieren konnte, es selbst auszuprobieren. Ich freue mich auf den weiteren Austausch mit dir.

4.3 Die AutorInnen und Podcast-Gäste

Prof. Dr. Thomas Köhler

Thomas Köhler ist seit 2005 Professor für Bildungstechnologie am Institut für Berufspädagogik und berufliche Didaktiken der Technischen Universität Dresden, zugleich Direktor des CODIP Center for Open Digital Innovation and Participation (zuvor Medienzentrum). Seit 2007 ist er Sprecher des Arbeitskreises E-Learning der Sächsischen Landesrektorenkonferenz, wurde 2012 zum Vorstandsvorsitzenden der GMW Gesellschaft für Medien in der Wissenschaft gewählt und war 2015 bis 2021 Vorstandsmitglied im Leibniz Forschungsverbund Open Science.

Die Hauptthemen seiner Forschung sind Online-Lernen, Fernunterricht, virtuelle Organisationen, Telekooperation und computervermittelte Kommunikation, Online-Forschungsmethoden und die Persönlichkeit von Computernutzern. Es werden verschiedene Bildungskontexte angesprochen, darunter berufliche und akademische Bildung. Ein besonderer Schwerpunkt liegt auf der Forschungsausbildung auf Ph.D.-Ebene, in dessen Rahmen er das internationale Programm »Education & Technology« initiiert hat.

Veröffentlichungen: https://www.researchgate.net/profile/Thomas-Koehler-2

Dr. Andrea Augsten

Dr. Andrea Augsten ist passionierte Designforscherin, die Fragen von Designpraktiken in Bezug auf organisationalen Wandel, Innovationsökosysteme und die Politikgestaltung anwendet. Derzeit arbeitet sie im Innovationslabor eines Bundesministeriums zu digitalen Innovationen für die GIZ. Bevor sie im öffentlichen Sektor tätig wurde, sammelte Andrea Augsten Erfahrungen in verschiedenen Institutionen wie der Volkswagen AG und der HfG Schwäbisch Gmünd und promovierte an der Bergischen Universität Wuppertal am Lehrstuhl für Designtheorie im Bereich Designmanagement. Neben ihrer Beratungstätigkeit lehrt Andrea Augsten an Universitäten im In- und Ausland. Sie ist Vorständin der Deutschen Gesellschaft für Designtheorie und -forschung und Mitglied im Think Tank 30 des Club of Rome.

Dr. Moritz Gekeler

Dr. Moritz Gekeler ist ein Facilitator und Coach für zukunftsfähiges Arbeiten und virtuelle Co-Creation. Seine Arbeit basiert zu einem großen Teil auf den hier beschriebenen Prinzipien. In seinen Trainingskonzepten, Workshopformaten und individuellen Coachings finden sie täglich Anwendung. Gemeinsam mit zwei Geschäftspartnerinnen gründete er 2018 die Firma mermaid & broccoli GmbH. Dort werden Führungskräfte und Facilitators darin ausgebildet, ihre Organisationen zukunftsfähig aufzustellen. Mit der Firma dolaborate GmbH unterstützt er Stiftungen, NGOs und Start-ups darin, effektiver und kreativer zusammenzuarbeiten. Unter dem Label »conflict-thinking.com« ist zudem das Innovationskartenspiel *Game of Conflicts* entstanden. Moritz Gekeler lebt zurzeit in Mosambik und Deutschland.

Prof. Dr. Anja Schmitz

Prof. Dr. Anja Schmitz ist Professorin für Human Resource Management an der Hochschule Pforzheim. Am Institut für Personalforschung forscht und publiziert sie zu aktuellen Fragestellungen des Human Resource Managements, mit einem besonderen Fokus auf Personal- und Organisationsentwicklung (New Work – New Learning, Zukunftsfähigkeit der Personalentwicklung, Learning Ecosystems, Employee Experience …). Sie fungiert in unterschiedlichen Organisationen als wissenschaftliche Beirätin, agiert durch Vorträge als Impulsgeberin und berät Unternehmen in der Weiterentwicklung ihrer Lernansätze. Praktische Erfahrung sammelte sie in verschiedenen Experten- und Führungsrollen im HR-Bereich und der Unternehmensberatung.

Zusammen mit Jan Foelsing unterstützt sie im Learning Development Institute (LDi) die wirksame Entwicklung organisationaler Lernökosysteme (Learning Ecosystems). Ausführliche Angaben zum Lebenslauf und weiteren Publikationen: https://www.hs-pforzheim.de/profile/anjaschmitz.

Jan Foelsing

Jan Foelsing ist New Learning Experte, Autor, Speaker, Tool-Nerd und Gründer des New Learning Labs. Von 2013 bis 2021 erforschte er an der Hochschule Pforzheim moderne Lernformate sowie digital gestützte Zusammenarbeitstools als kollaborative Lernumgebungen. Davor war es als IT-Consultant tätig. Seit 2014 ist er zudem als freier Berater unterwegs, sowie im Start-up-Bereich aktiv.

Sein Ziel ist es, dabei zu unterstützen, Lernen in Organisationen wirksamer und wertschöpfungsrelevanter zu machen. Seine Leidenschaft ist es, die neuen Lern- und Arbeitswelten aktiv zu erkunden und mitzugestalten. Learning by doing.

Das eLearning Journal bezeichnet ihn als »Bildungsvisionär« oder »Edu Punk«. Die Thinkers360 ernannten Jan Foelsing zu einem der Top20 Global Thought Leaders in EdTech 2022/2023.

Hier gehts zu seinem Open Profile: https://bit.ly/3hgfgag

Dr. Christopher Krauss

Dr.-Ing. Christopher Krauss ist Media & Data Science Lead im Geschäftsbereich Future Applications and Media des Fraunhofer Instituts für Offene Kommunikationssysteme (FOKUS). Er ist spezialisiert auf die Forschung und Entwicklung von Themen rund um KI, Machine Learning und Interoperabilität für die Anwendungsbereiche Learning Technologies und Media Streaming. Dabei war und ist er maßgeblich an zahlreichen öffentlich geförderten nationalen und internationalen Projekten beteiligt (z. B. mEDUator, ein Prototyp der Nationalen Bildungsplattform, Control&Connect, Triple-Adapt, EXPAND+ER WB^3, Smart Learning I & II) und leitete Projekte für viele namhafte Industriekunden und Einrichtungen der öffentlichen Hand.

Nach seinem Master-Abschluss in Medieninformatik im Jahr 2012 und der Teilnahme am Software-Campus-Programm zur Förderung von IT-Führungskräften schloss Christopher Krauss im Jahr 2018 seine Promotion an der TU Berlin mit dem Titel »Time-Dependent Recommender Systems for the Prediction of Appropriate Learning Objects« ab.

Literatur

Abicht, L., Freikamp, H., Brand, L., Hoffknecht, A. & Freigang, S. (2010). Internet der Dinge im Bereich Smart House. Abgerufen am 16.01.2023 von https://de.calameo.com/read/001032645e31000e4de95

Ahn, Sun Joo-Grace, Nowak, Kristine & Bailenson, Jeremy (2022). Unintended consequences of spatial presence on learning in virtual reality. Computers & Education. Abgerufen am 23.08.2023 von 186. 104532. 10.1016/j.compedu.2022.104532

Alonso, V. & Arranz, O. (2016). Big Data and eLearning: A Binomial to the Future of the Knowledge Society. International Journal of Interactive Multimedia and Artificial Intelligence, 3(6), 29. Abgerufen am 23.08.2023 von https://doi.org/10.9781/ijimai.2016.364

Arnold, P. (2005). Einsatz digitaler Medien in der Hochschullehre aus lerntheoretischer Sicht. Abgerufen am 08.08.2023 von https://www.e-teaching.org/didaktik/theorie/lerntheorie/arnold.pdf

Arnold, R., Faulstich, P., Mader, W., Nuissl von Rein, E. & Schlutz, E. (2000). Forschungsmemorandum für die Erwachsenen- und Weiterbildung (Bd. Im Auftrag der Sektion Erwachsenenbildung der DGfE.). Frankfurt am Main: DIE – Deutsches Institut für Erwachsenenbildung.

Arnold, R., Lermen, M., & Günther, D. (2016). Lernarchitekturen und (Online-)Lernräume. Band II zur Fachtagung »Selbstgesteuert, kompetenzorientiert und offen«. Hohengehren: Schneider.

Augsten, A. (2016). Freigang Lernende Organisation durch die Gestaltung interdisziplinärer Zusammenarbeit. In: Lucke, U., Schwill, A. & Zender, R. (Hrsg.): DeLFI 2016. Die 14. E-Learning Fachtagung Informatik.

Bahner, O. & Montag Stiftung Jugend und Gesellschaft (Hrsg.) (2017). Leitlinien für leistungsfähige Schulbauten in Deutschland (3. Aufl.). Bonn: Montag Stiftungen.

Bollnow, O. F. (2010). Mensch und Raum (11. Aufl.). Stuttgart: W. Kohlhammer.

Bomsdorf, B. (2005). Adaptation of learning spaces: Supporting ubiquitous learning in higher distance education. In: Mobile computing and ambient intelligence. Abgerufen am 18.08.2023 von https://drops.dagstuhl.de/volltexte/2005/371/

Bronfenbrenner, U. (1979). The ecology of human development: Experiments by design and nature. Cambridge, MA: Harvard University Press.

Buchem, I., Attwell, G. & Torres Kompen, R. (2011). Understanding Personal Learning Environments: Literature review and synthesis through the Activity Theory lens.

DeLFI 2016 – Die 14. E-Learning Fachtagung Informatik der Gesellschaft für Informatik. Conference Proceedings. S. 273–275., 11. bis 14. September 2016, Potsdam.

Dewey, J. & Dewey, E. (1962). Schools of Tomorrow. EP Dutton & Co. Inc. (Erstveröffentlichung 1915).

Dewey, J. (1916). Democracy and education: An introduction to the philosophy of education. Textbook series in education.

Döbeli Honegger, B. (2023). ChatGPT & Schule. Einschätzungen der Professur »Digitalisierung und Bildung« der Pädagogischen Hochschule Schwyz. Version 1.26, abgerufen am 18.08.2023 von https://mia.phsz.ch/LLM/

Edinger, E.-C. (2015). BESUCHER? NUTZER? KUNDE? – MENSCH! Raumsoziologische Perspektiven auf Bibliotheksgestaltung im Sinne des Human Centered Designs. In: R. Arnold, M. Lermen & D. Günther (Hrsg.): Lernarchitekturen und (Online-)Lernräume. Hohengehren: Schneider.

Eigenbrod, O. & Stang, R. (Hrsg.) (2014). Formierungen von Wissensräumen: Optionen des Zugangs zu Information und Bildung. Berlin/Boston: De Gruyter Saur.

Erpenbeck, J. & Sauter, W. (2013). So werden wir lernen! Kompetenzentwicklung in einer Welt fühlender Computer, kluger Wolken und sinnsuchender Netze. Berlin/Heidelberg: Springer. Abgerufen am 18.08.2023 von http://link.springer.com/10.1007/978-3-642-37181-3

Erpenbeck, J. & Sauter, W. (2015). Kompetenzentwicklung mit humanoiden Computern. Die Revolution des Lernens via Cloud-Computing und semantischen Netzen. Wiesbaden: Springer Fachmedien. Abgerufen am 18.08.2023 von http://link.springer.com/10.1007/978-3-658-09935-0

Fell, M. (2015). Andragogische Grundüberlegungen zu einer lernförderlichen Gestaltung von umbauten Bildungsräumen. In: Wolfgang Wittwer, Andreas Diettrich, Markus Walber (Hrsg.). Lernräume. Gestaltung von Lernumgebungen für Weiterbildung, S. 31–64. Wiesbaden: Springer.

Flechsig, Karl-Heinz (1996). Kleines Handbuch didaktischer Modelle. Eichenzell: Neuland.

Freigang, S. (2021). Das Internet der Dinge für Bildung nutzbar machen: Gestaltung von Smart Learning Environments auf Basis eines interdisziplinären Diskurses. Wiesbaden: Springer VS.

Freigang, S. & Augsten, A. (2019). Prototyping theory: Applying Design Thinking to adapt a framework for smart learning environments inside organizations. In: Maiga Chang, Elvira Popescu, Kinshuk, Nian-Shing Chen, Mohamed Jemni, Ronghuai Huang, J. Michael Spector & Demetrios G. Sampson. Foundations and Trends in Smart Learning: Proceedings of 2019 International Conference on Smart Learning Environments, S. 177–180. Springer Singapore.

Freigang, S., Schlenker, L. & Köhler, T. (2018). A conceptual framework for designing smart learning environments. In: Smart Learning Environments, 5, S. 1–17.

García-Tudela, P. A., Prendes-Espinosa, P. & Solano-Fernández, I. M. (2021). Smart learning environments: a basic research towards the definition of a practical model. In: Smart Learning Environments, 8(1), S. 1–21.

Gros, B. (2016). The design of smart educational environments. *Smart Learning Environments*, *3*(1). Abgerufen am 18.08.2023 von https://doi.org/10.1186/s40561-016-0039-x

Heller, L. (2017). Bequem, zuverlässig – und kontrolliert durch die Lernenden: von Zeugnissen und E-Portfolios zum Personal Learning Ledger. In: TIB-Blog – Weblog der Technischen Informationsbibliothek (TIB). Abgerufen am 17.02.2023 von https://uhh.de/wzasn

Heller, L. (2018): Sieben Merkmale von Bildungszertifikaten auf der Basis von Blockchain. Dossier Hochschulforum Digitalisierung. Abgerufen am 17.02.2023 von https://hochschulforumdigitalisierung.de/de/blog/sieben-merkmale-von-bildungszertifikaten-auf-basis-von-blockchain

Hwang, G.-J. (2014). Definition, framework and research issues of smart learning environments – a context-aware ubiquitous learning perspective. In: Smart Learning Environments, 1(1). Abgerufen am 18.08.2023 von https://doi.org/10.1186/s40561-014-0004-5

Hwang, G. J., Tsai, C. C., & Yang, S. J. (2008). Criteria, strategies and research issues of context-aware ubiquitous learning. In: Journal of Educational Technology & Society, 11(2), S. 81–91.

Kaufmann, T. (2015). Industrie 4.0 – ein Überblick. In: T. Kaufmann. Geschäftsmodelle in Industrie 4.0 und dem Internet der Dinge, S. 1–10. Wiesbaden: Springer Fachmedien. Abgerufen am 18.08.2023 von http://link.springer.com/10.1007/978-3-658-10272-2_1

Kerres, M. (2017). Lernprogramm, Lernraum oder Ökosystem? Metaphern in der Mediendidaktik. In: Jahrbuch Medienpädagogik 13, S. 15–28. Wiesbaden: Springer.

Kinshuk & Graf, S. (2012). Ubiquitous Learning. In: N. M. Seel (Hrsg.). Encyclopedia of the Sciences of Learning. Boston, MA: Springer US. Abgerufen am 18.08.2023 von https://doi.org/10.1007/978-1-4419-1428-6

Knoll, J. H. (1995). Architektur und Erwachsenenbildung. Köln: Böhlau.

Mandl, H., Kopp, B. & Dvorak, S. (2004). Aktuelle theoretische Ansätze und empirische Befunde im Bereich der Lehr-Lern-Forschung. Deutsches Institut für Erwachsenenbildung. Abgerufen am 18.08.2023 von https://www.die-bonn.de/esprid/dokumente/doc-2004/mandl04_01.pdf

Mehrabian, A. (1987). Räume des Alltags: wie die Umwelt unser Verhalten bestimmt. Frankfurt a. M.: Campus.

Meueler, E. (1994). Didaktik der Erwachsenenbildung/Weiterbildung als offenes Projekt. In: Handbuch Erwachsenenbildung/Weiterbildung, S. 615–628. Wiesbaden: Springer.

Mistele, P., & Trolle, A. (2006). Zur Konstruktion von Lernräumen in Hochleistungssystemen – Formen einsatzbezogenen Lernens. Universität Leipzig.

Nuissl, E. (2006). Vom Lernen Erwachsener. Empirische Befunde aus unterschiedlichen Disziplinen. In: E. Nuissl (Hrsg.). Vom Lernen zum Lehren: Lern- und Lehrforschung für die Weiterbildung. Bielefeld: Bertelsmann.

Nuissl, E. (2010). Rezension zu Peter Faulstich, Christine Zeuner: Erwachsenenbildung – Resultate der Forschung. In: C. Schiersmann (Hrsg.). Vertikale und horizontale Durchlässigkeit im System lebenslangen Lernens. Bielefeld: Bertelsmann.

Probst, C., Wendt, D., Lukas, S. & Huwer, J. (2021). Mit Hilfe von Augmented Reality das Schalenmodell einführen und erarbeiten. Abgerufen am 10.03.2023 von http://dx.doi.org/10.31244/9783830994183

Reinmann, G. (2005). Innovation ohne Forschung? Ein Plädoyer für den Design-Based Research-Ansatz in der Lehr-Lernforschung. In: Unterrichtswissenschaft, 33(1), S. 52–69.

Reinmann, G. (2023). ChatGPT – Wettrüsten oder Wertewandel? Weblog Gabi Reinmann. Abgerufen am 24.01.2023 von https://gabi-reinmann.de/?p=7534

Reinmann-Rothmeier, G. & Mandl, H. (1998). Lernen in Unternehmen: Von einer gemeinsamen Vision zu einer effektiven Förderung des Lernens. In: P. Dehnbostel (Hrsg.). Berufliche Bildung im lernenden Unternehmen. Zum Zusammenhang von betrieblicher Reorganisation, neuen Lernkonzepten und Persönlichkeitsentwicklung, S. 195–216. Berlin: Ed. Sigma.

Reinmann-Rothmeier, G. & Mandl, H. (2001). Unterrichten und Lernumgebungen gestalten. In: B. Weidemann & A. Krapp (Hrsg.). Pädagogische Psychologie, S. 601–646. Weinheim: Beltz.

Rosa, L. (2023). too short;didn't understand – Warum Literacy 2 für Alle gebraucht wird. Weblog Lisa Rosa. Abgerufen am 11.02.2023 von https://shiftingschool.wordpress.com/2023/02/03/too-shortdidnt-understand-warum-literacy-2-fur-alle-gebraucht-wird/

Rummler, K. (2014). Lernräume gestalten – Bildungskontexte vielfältig denken. Waxmann. Abgerufen am 18.08.2023 von https://www.waxmann.com/fileadmin/media/zusatztexte/3142Volltext.pdf

Sauter, W. & Sauter, S. (2013). Workplace Learning. Berlin/Heidelberg: Springer. Abgerufen am 18.08.2023 von http://link.springer.com/10.1007/978-3-642-41418-3

Schaar, P. (2014). Datenschutz in Zeiten von Big Data. In: HMD Praxis der Wirtschaftsinformatik, 51(6), S. 840–852.

Schön, S. & Döring, N. (Hrsg.) (2011). Mobile Gemeinschaften: erfolgreiche Beispiele aus den Bereichen Spielen, Lernen und Gesundheit. Salzburg: Salzburg Research.

Schrader, J. & Berzbach, F. (2005). Empirische Lernforschung in der Erwachsenenbildung/Weiterbildung. Deutsches Institut für Erwachsenenbildung, Bonn.

Seel, N. M. (Hrsg.) (2012). Encyclopedia of the sciences of learning. New York: Springer.

Sesink, W. (2007). Raum und Lernen. Education Permanente. In: Schweizerische Zeitschrift für Weiterbildung, 41(1), S. 16–18.

Sesink, W. (2014). Überlegungen zur Pädagogik als einer einräumenden Praxis. In: R. Arnold, M. Lermen & D. Günther (Hrsg.). Lernarchitekturen und (Online-)Lernräume.

Seufert, S., Fandel-Meyer, T., Meier, C., Diesner, I., Fäckeler, S. & Raatz, S. (2013). Informelles Lernen als Führungsaufgabe: Problemstellung, explorative Fallstudien und Rahmenkonzept. scil-Arbeitsbericht. Nr. 24. St.Gallen: scil, swiss centre for innovations in learning.

Siebert, H. (2006). Lernforschung – ein Rückblick. In: Literatur- und Forschungsreport Weiterbildung, S. 9–14. Abgerufen am 18.08.2023 von https://www.die-bonn.de/doks/report06_01.pdf#page=9

Siemens, G. (2014). Connectivism: A learning theory for the digital age. Siemers, C. & Rosenlechner, B. (2011). Handbuch Embedded Systems Engineering. TU Clausthal, FH Nordhausen.

Smithson, A. (2022). The Metaverse Manifesto. Medium Artikel. Abgerufen am 22.02.2023 von https://alan-smithson.medium.com/the-metaverse-manifesto-2206d893a3bb

Solarz, P. (2015). Learn like a PIRATE. Empower Your Students to Collaborate, Lead, and Succeed. Dave Burgess Consulting, Inc.

Spannagel, C. (2023). ChatGPT und die Zukunft des Lernens: Evolution statt Revolution. Dossier Hochschulforum Digitalisierung. Abgerufen am 25.01.2023 von https://hochschulforumdigitalisierung.de/de/blog/chatgpt-evolution-spannagel

Specht, M., Ebner, M. & Löcker, C. (2013). Mobiles und ubiquitäres lernen – Technologien und didaktische Aspekte. In: Lehrbuch für Lernen und Lehren mit Technologien. Abgerufen am 18.08.2023 von https://l3t.tugraz.at/index.php/LehrbuchEbner10/article/view/113

Spector, J. M. (2014). Conceptualizing the emerging field of smart learning environments. In: Smart Learning Environments, 1(1), S. 1–10.

Stang, R. (2014). Multifunktionalität als Option: Gestaltung von Lern- und Informationsräumen. In: Olaf Eigenbrodt & Richard Stang (Hrsg.): Formierungen von Wissensräumen: Optionen des Zugangs zu Information und Bildung, S. 81–93. Berlin: De Gruyter.

Steelcase (Hrsg.). (2015). Platz schaffen für die Macher im Bildungswesen. In: 360 Magazin.

Steuer, G., Renatus, R., Pfanstiel, J., Keller, I. & Uhlmann, F. (2014). Gestaltung eines individuellen Lernraums. Konzept eines ubiquitären Bildungs- und Informationssystems (Visionen & Konzepte). In: K. Rummler (Hrsg.). Lernräume gestalten – Bildungskontexte vielfältig denken. Münster/New York: Waxmann. Abgerufen am 18.08.2023 von https://www.waxmann.com/fileadmin/media/zusatztexte/3142Volltext.pdf

Design-Based Research Collective. (2003). Design-based research: An emerging paradigm for educational inquiry. Educational researcher, 32(1), S. 5–8.

Uebernickel, F., Brenner, W., Pukall, B., Naef, T.& Schindlholzer, B. (2015). Design Thinking: das Handbuch (1. Aufl.). Frankfurt am Main: Frankfurter Allgemeine Buch.

Wang, F. & Hannafin, M. J. (2005). Design-based research and technology-enhanced learning environments. In: Educational technology research and development, 53(4), S. 5–23.

Warner, D., Christie, G. & Choy, S. (1998). Readiness of VET clients for flexible delivery including on-line learning. Brisbane: Australian National Training Authority.

Weßels, D. (2022). ChatGPT ist erst der Anfang. Dossier Hochschulforum Digitalisierung. Abgerufen am 24.01.2023 von https://hochschulforumdigitalisierung.de/de/blog/ChatGPT-erst-der-anfang

Winnicott, D. W. (1974). Vom Spiel zur Kreativität. M. Ermann. Stuttgart: Klett-Cotta.

Winteler, A. & Forster, P. (2008). Lern-Engagement der Studierenden: Indikator für die Qualität und Effektivität von Lehre und Studium. In: Das Hochschulwesen, HSW, 56(6), S. 162–170.

Yusufu, G., & Nathan, N. (2020). A novel model of smart education for the development of smart university system. In: 2020 International Conference in Mathematics, Computer Engineering and Computer Science (ICMCECS), S. 1–5.

Zhu, Z. T., Yu, M. H., & Riezebos, P. (2016). A research framework of smart education. Smart learning environments, 3, S. 1–17. Abgerufen am 18.09.2017 von https://doi.org/10.1186/s40561-016-0026-2

Stichwortverzeichnis

Die Autorin

Dr. Sirkka Freigang ist promovierte Erziehungswissenschaftlerin und Expertin für Smart Learning Environments. Ihre Schwerpunkte liegen in der Gestaltung wirksamer Learning Journeys, der Nutzung neuer Technologien im pädagogischen Kontext sowie in der Befähigung und Beratung zu o. g. Themen. Sie ist in verschiedenen Positionen als Advisor tätig, Autorin mehrerer Publikationen, Gründerin der Smart Learning Pirates sowie des Metaverse4Learning HUBs. Seit 2021 ist sie Global Head of Smart Learning bei der rooom AG, ein XR-Startup, das eine Metaverse-Plattform im B2B-Segment betreibt. Dort leitet sie die Smart Learning Unit, verantwortet das Produktportfolio und ist im strategischen Business Development tätig. Davor hat sie einige Jahre in der Trend- und Zukunftsforschung gearbeitet und mehrere L&D-Positionen in der Wirtschaft begleitet (u. a. für Volkswagen und Bosch). Was sie antreibt, ist das Motto »Create Experiences, not Lessons«. Diesem Motto folgend ist sie seit Ende 2020 nebenberuflich selbstständig als Beraterin, Learning Experience Designer und Speaker.

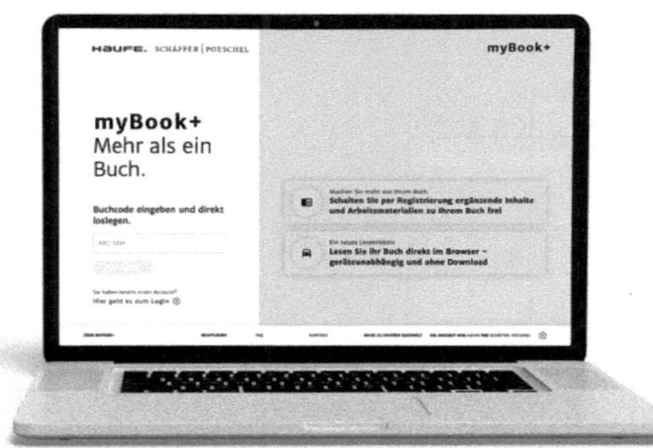

Ihre Online-Inhalte zum Buch: Exklusiv für Buchkäuferinnen und Buchkäufer!

▶ **https://mybookplus.de**

▶ Buchcode: LWC-4639

PI1 371 701 2

9787983